小学**6**年生

計算にぐーんと強くなる

学習指導要領対応

JN050576

KUM☉N

もくじ

1 真分数×整数（約分なし）

例

$$\frac{2}{5} \times 3 = \frac{2 \times 3}{5}$$
$$= \frac{6}{5} = 1\frac{1}{5}$$

$$\frac{\bigcirc}{\square} \times \triangle = \frac{\bigcirc \times \triangle}{\square}$$

1 次の計算をしましょう。　〔1問　4点〕

① $\dfrac{1}{4} \times 3$ 　　　② $\dfrac{1}{5} \times 4$

③ $\dfrac{2}{7} \times 2$ 　　　④ $\dfrac{2}{9} \times 4$

⑤ $\dfrac{3}{10} \times 3$ 　　　⑥ $\dfrac{4}{15} \times 2$

2 次の計算をしましょう。　〔1問　4点〕

① $\dfrac{1}{4} \times 7$ 　　　② $\dfrac{4}{5} \times 2$

③ $\dfrac{5}{9} \times 2$ 　　　④ $\dfrac{5}{8} \times 5$

⑤ $\dfrac{7}{10} \times 3$ 　　　⑥ $\dfrac{4}{15} \times 4$

3 次の計算をしましょう。 〔1問 4点〕

① $\dfrac{5}{9} \times 2$

② $\dfrac{2}{7} \times 3$

③ $\dfrac{1}{8} \times 5$

④ $\dfrac{2}{15} \times 7$

⑤ $\dfrac{3}{5} \times 2$

⑥ $\dfrac{3}{4} \times 3$

⑦ $\dfrac{1}{7} \times 6$

⑧ $\dfrac{7}{9} \times 2$

⑨ $\dfrac{3}{16} \times 5$

⑩ $\dfrac{1}{10} \times 3$

⑪ $\dfrac{4}{9} \times 4$

⑫ $\dfrac{2}{7} \times 5$

4 1ふくろにさとうが $\dfrac{4}{5}$ kg 入っています。このさとう6ふくろ分の重さは何kgですか。 〔4点〕

式

答え（　　　　　　　）

2 真分数×整数（約分あり）

例

$$\frac{5}{6} \times 3 = \frac{5 \times \overset{1}{3}}{\underset{2}{6}}$$

$$= \frac{5}{2} = 2\frac{1}{2}$$

約分できるときは、
とちゅうで約分し
てから計算すると
かんたんだよ。

1 次の計算をしましょう。　　　　　　　　　　　　〔1問　4点〕

①　$\dfrac{1}{8} \times 2$

②　$\dfrac{1}{9} \times 3$

③　$\dfrac{1}{6} \times 4$

④　$\dfrac{1}{12} \times 9$

⑤　$\dfrac{3}{8} \times 2$

⑥　$\dfrac{4}{15} \times 3$

2 次の計算をしましょう。　　　　　　　　　　　　〔1問　4点〕

①　$\dfrac{4}{9} \times 3$

②　$\dfrac{7}{10} \times 6$

③　$\dfrac{3}{5} \times 5$

④　$\dfrac{4}{15} \times 9$

3 次の計算をしましょう。 〔1問 5点〕

① $\dfrac{2}{9} \times 3$

② $\dfrac{5}{12} \times 4$

③ $\dfrac{1}{8} \times 6$

④ $\dfrac{4}{5} \times 10$

⑤ $\dfrac{4}{21} \times 14$

⑥ $\dfrac{5}{6} \times 4$

⑦ $\dfrac{3}{4} \times 10$

⑧ $\dfrac{1}{15} \times 9$

⑨ $\dfrac{3}{16} \times 12$

⑩ $\dfrac{7}{9} \times 6$

4 ペンキ1dLでかべを$\dfrac{3}{4}$m²ぬることができます。ペンキ6dLでは，何m²のかべをぬることができますか。(1dLでぬれる面積)×(ペンキの量)〔dL〕=(ぬれる面積) 〔10点〕

式

答え( )

3 仮分数×整数 (約分なし)

得点

点

例

$$\frac{4}{3} \times 2 = \frac{4 \times 2}{3}$$
$$= \frac{8}{3} = 2\frac{2}{3}$$

計算のしかたは,
真分数×整数と
同じだね。

1 次の計算をしましょう。　　　　　　　　　　〔1問　15点〕

① $\frac{3}{2} \times 5$

② $\frac{7}{4} \times 3$

③ $\frac{9}{5} \times 4$

④ $\frac{8}{7} \times 5$

⑤ $\frac{11}{8} \times 3$

⑥ $\frac{12}{11} \times 4$

2 $\frac{6}{5}$Lのジュースが入ったびんが3本あります。ジュースは全部で何Lありますか。

〔10点〕

[式]

答え（　　　　　　　）

◆分数のかけ算

4 仮分数×整数（約分あり）

得点

点

例

$$\frac{7}{6} \times 2 = \frac{7 \times \overset{1}{2}}{\underset{3}{6}}$$

$$= \frac{7}{3} = 2\frac{1}{3}$$

約分できるときは，
とちゅうで約分し
よう。

---

1 次の計算をしましょう。 〔1問 15点〕

① $\frac{5}{4} \times 2$

② $\frac{9}{8} \times 4$

③ $\frac{7}{6} \times 4$

④ $\frac{11}{9} \times 6$

⑤ $\frac{13}{10} \times 5$

⑥ $\frac{8}{3} \times 15$

2 1ふくろに塩が $\frac{3}{8}$ kg 入っています。この塩6ふくろ分の重さは何kg ですか。

〔10点〕

[式]

答え（　　　　　　　）

◆分数のかけ算
5 帯分数×整数（約分なし）

得点

点

例

$$1\frac{3}{4} \times 3 = \frac{7}{4} \times 3$$
$$= \frac{7 \times 3}{4}$$
$$= \frac{21}{4} = 5\frac{1}{4}$$

帯分数は仮分数に
なおして計算する
よ。

1 次の計算をしましょう。　　　　　　　　　　〔1問　6点〕

① $1\frac{1}{2} \times 5$　　　　　　② $1\frac{1}{3} \times 4$

③ $1\frac{2}{5} \times 2$　　　　　　④ $1\frac{2}{7} \times 3$

2 次の計算をしましょう。　　　　　　　　　　〔1問　6点〕

① $2\frac{1}{4} \times 3$　　　　　　② $2\frac{2}{3} \times 2$

③ $2\frac{1}{5} \times 4$　　　　　　④ $3\frac{1}{3} \times 5$

3 次の計算をしましょう。 〔1問 6点〕

① $1\dfrac{1}{2} \times 3$

② $1\dfrac{1}{9} \times 8$

③ $1\dfrac{3}{7} \times 6$

④ $1\dfrac{4}{5} \times 4$

⑤ $1\dfrac{7}{8} \times 3$

⑥ $2\dfrac{3}{4} \times 3$

⑦ $3\dfrac{2}{3} \times 4$

⑧ $2\dfrac{2}{5} \times 6$

4 かずきさんの家では，1日に牛にゅうを$1\dfrac{1}{5}$L 飲みます。3日間では何Lの牛にゅうが必要ですか。 〔4点〕

式

答え（　　　　　　　）

6 ◆分数のかけ算
帯分数×整数（約分あり）

例

$$1\frac{3}{4} \times 6 = \frac{7}{4} \times 6$$

$$= \frac{7 \times \overset{3}{6}}{\underset{2}{4}}$$

$$= \frac{21}{2} = 10\frac{1}{2}$$

帯分数は仮分数に
なおして計算する
よ。

1 次の計算をしましょう。 〔1問 6点〕

① $1\frac{1}{6} \times 3$

② $1\frac{1}{8} \times 4$

③ $1\frac{2}{9} \times 6$

④ $1\frac{2}{3} \times 9$

2 次の計算をしましょう。 〔1問 6点〕

① $2\frac{1}{4} \times 2$

② $2\frac{3}{8} \times 4$

③ $2\frac{2}{9} \times 6$

④ $2\frac{1}{4} \times 8$

3 次の計算をしましょう。 〔1問 6点〕

① $1\dfrac{9}{10} \times 2$

② $2\dfrac{7}{8} \times 4$

③ $3\dfrac{1}{3} \times 9$

④ $1\dfrac{5}{6} \times 4$

⑤ $1\dfrac{1}{6} \times 9$

⑥ $1\dfrac{7}{9} \times 6$

⑦ $2\dfrac{3}{4} \times 6$

⑧ $1\dfrac{5}{12} \times 8$

4 1辺の長さが $1\dfrac{1}{4}$ mの正方形の形の花だんがあります。この花だんのまわりの長さは何mですか。 〔4点〕

式

答え（　　　　　　　　　）

7 真分数×真分数 （約分なし）

得点

点

例

$$\frac{3}{7} \times \frac{2}{5} = \frac{3 \times 2}{7 \times 5}$$

$$= \frac{6}{35}$$

$$\frac{b}{a} \times \frac{d}{c} = \frac{b \times d}{a \times c}$$

1 次の計算をしましょう。　　　　　　　　　　　　　　　〔1問　4点〕

① $\frac{3}{5} \times \frac{1}{2}$

② $\frac{1}{3} \times \frac{5}{6}$

③ $\frac{6}{7} \times \frac{1}{5}$

④ $\frac{1}{4} \times \frac{7}{9}$

⑤ $\frac{1}{6} \times \frac{1}{3}$

⑥ $\frac{1}{5} \times \frac{1}{8}$

2 次の計算をしましょう。　　　　　　　　　　　　　　　〔1問　4点〕

① $\frac{4}{7} \times \frac{2}{3}$

② $\frac{2}{5} \times \frac{2}{9}$

③ $\frac{3}{5} \times \frac{3}{4}$

④ $\frac{3}{7} \times \frac{5}{8}$

⑤ $\frac{7}{10} \times \frac{3}{8}$

⑥ $\frac{4}{5} \times \frac{7}{15}$

3 次の計算をしましょう。 〔1問 4点〕

① $\dfrac{5}{6} \times \dfrac{1}{4}$

② $\dfrac{4}{5} \times \dfrac{2}{3}$

③ $\dfrac{3}{7} \times \dfrac{5}{8}$

④ $\dfrac{3}{4} \times \dfrac{1}{5}$

⑤ $\dfrac{2}{3} \times \dfrac{8}{9}$

⑥ $\dfrac{4}{5} \times \dfrac{2}{7}$

⑦ $\dfrac{1}{8} \times \dfrac{1}{3}$

⑧ $\dfrac{4}{9} \times \dfrac{5}{7}$

⑨ $\dfrac{3}{4} \times \dfrac{3}{4}$

⑩ $\dfrac{1}{2} \times \dfrac{5}{9}$

⑪ $\dfrac{3}{5} \times \dfrac{9}{10}$

⑫ $\dfrac{7}{12} \times \dfrac{1}{6}$

4 1mの重さが $\dfrac{1}{5}$ kgのはり金があります。このはり金 $\dfrac{3}{8}$ mの重さは何kgですか。

（はり金1mの重さ）×（長さ）〔m〕＝（はり金の重さ）〔4点〕

式

答え（　　　　　　　）

8 真分数×真分数 (約分1回)

例

$$\frac{6}{7} \times \frac{2}{3} = \frac{\overset{2}{6} \times 2}{7 \times \underset{1}{3}}$$

$$= \frac{4}{7}$$

約分できるときは, とちゅうで約分すると, 計算がかんたんだよ。

1 次の計算をしましょう。　　　　　　　　〔1問　4点〕

① $\dfrac{2}{5} \times \dfrac{1}{4}$　　　　　② $\dfrac{1}{10} \times \dfrac{5}{8}$

③ $\dfrac{4}{9} \times \dfrac{1}{6}$　　　　　④ $\dfrac{1}{9} \times \dfrac{6}{7}$

2 次の計算をしましょう。　　　　　　　　〔1問　4点〕

① $\dfrac{3}{8} \times \dfrac{5}{6}$　　　　　② $\dfrac{3}{4} \times \dfrac{2}{7}$

③ $\dfrac{4}{7} \times \dfrac{5}{8}$　　　　　④ $\dfrac{7}{12} \times \dfrac{4}{5}$

⑤ $\dfrac{6}{7} \times \dfrac{2}{15}$　　　　⑥ $\dfrac{5}{14} \times \dfrac{8}{9}$

3 次の計算をしましょう。 〔1問 5点〕

① $\dfrac{4}{9} \times \dfrac{6}{7}$

② $\dfrac{7}{8} \times \dfrac{5}{14}$

③ $\dfrac{2}{15} \times \dfrac{5}{9}$

④ $\dfrac{1}{9} \times \dfrac{3}{8}$

⑤ $\dfrac{4}{7} \times \dfrac{1}{6}$

⑥ $\dfrac{8}{9} \times \dfrac{7}{12}$

⑦ $\dfrac{3}{16} \times \dfrac{6}{7}$

⑧ $\dfrac{1}{8} \times \dfrac{12}{25}$

⑨ $\dfrac{1}{3} \times \dfrac{6}{7}$

⑩ $\dfrac{2}{21} \times \dfrac{7}{15}$

4 あさひさんは，ねん土を $\dfrac{5}{6}$ kg 持っています。弟は，あさひさんの $\dfrac{3}{4}$ 倍のねん土を持っています。弟は，ねん土を何kg持っていますか。 〔10点〕

（あさひさんのねん土の重さ）$\times \dfrac{3}{4} =$（弟のねん土の重さ）

式

答え（　　　　　　　　）

9 真分数×真分数 (約分2回)

例

$$\frac{3}{4} \times \frac{8}{9} = \frac{\overset{1}{3} \times \overset{2}{8}}{\underset{1}{4} \times \underset{3}{9}}$$

$$= \frac{2}{3}$$

約分できるときは,
とちゅうで約分し
てから計算すると
かんたんだよ。

1 次の計算をしましょう。　〔1問　4点〕

①　$\dfrac{2}{5} \times \dfrac{5}{8}$

②　$\dfrac{7}{9} \times \dfrac{3}{7}$

③　$\dfrac{3}{16} \times \dfrac{4}{9}$

④　$\dfrac{5}{14} \times \dfrac{7}{15}$

2 次の計算をしましょう。　〔1問　4点〕

①　$\dfrac{4}{9} \times \dfrac{3}{10}$

②　$\dfrac{7}{12} \times \dfrac{8}{21}$

③　$\dfrac{3}{5} \times \dfrac{10}{21}$

④　$\dfrac{9}{20} \times \dfrac{5}{6}$

⑤　$\dfrac{14}{27} \times \dfrac{6}{7}$

⑥　$\dfrac{3}{4} \times \dfrac{14}{15}$

3 次の計算をしましょう。 〔1問 5点〕

① $\dfrac{2}{3} \times \dfrac{9}{10}$

② $\dfrac{5}{6} \times \dfrac{4}{5}$

③ $\dfrac{3}{14} \times \dfrac{7}{9}$

④ $\dfrac{8}{15} \times \dfrac{9}{20}$

⑤ $\dfrac{3}{8} \times \dfrac{10}{21}$

⑥ $\dfrac{6}{7} \times \dfrac{7}{12}$

⑦ $\dfrac{3}{4} \times \dfrac{8}{15}$

⑧ $\dfrac{3}{8} \times \dfrac{4}{9}$

⑨ $\dfrac{9}{16} \times \dfrac{8}{21}$

⑩ $\dfrac{9}{14} \times \dfrac{4}{15}$

4 1分間に $\dfrac{5}{8}$ m³のわき水が出るいずみがあります。$\dfrac{4}{5}$ 分間には，何m³の水が出ますか。 （1分間にわき出る水の量）×$\dfrac{4}{5}$〔分〕＝（わき出る水の量）〔10点〕

[式]

答え（　　　　　　　　　）

10 仮分数×真分数（約分なし）

得点

点

例

$$\frac{9}{5} \times \frac{3}{4} = \frac{9 \times 3}{5 \times 4}$$

$$= \frac{27}{20} = 1\frac{7}{20}$$

答えが仮分数になった
ときは，帯分数になおす
と大きさがわかりやすいね。

1 次の計算をしましょう。　　　　　　　　　　　〔1問　15点〕

① $\dfrac{9}{4} \times \dfrac{3}{7}$

② $\dfrac{8}{5} \times \dfrac{2}{3}$

③ $\dfrac{7}{4} \times \dfrac{5}{8}$

④ $\dfrac{1}{6} \times \dfrac{5}{4}$

⑤ $\dfrac{7}{6} \times \dfrac{5}{8}$

⑥ $\dfrac{3}{4} \times \dfrac{11}{5}$

2 1dLのペンキで$\dfrac{10}{9}$m²の板をぬることができます。このペンキ$\dfrac{2}{3}$dLでは，

何m²の板をぬることができますか。　　　　　　　　　〔10点〕
（1dLでぬれる面積）×（ペンキの量）〔dL〕＝（ぬれる面積）

式

答え（　　　　　　　　　）

11 仮分数×真分数 （約分あり）

例

$$\frac{8}{5} \times \frac{3}{4} = \frac{\overset{2}{8} \times 3}{5 \times \underset{1}{4}}$$

$$= \frac{6}{5} = 1\frac{1}{5}$$

約分できるときは,
とちゅうで約分する
と計算がかんたん
になるよ。

1 次の計算をしましょう。　　　　　　　　　　　　　〔1問　15点〕

① $\frac{9}{8} \times \frac{4}{5}$

② $\frac{1}{3} \times \frac{9}{7}$

③ $\frac{6}{5} \times \frac{5}{12}$

④ $\frac{3}{5} \times \frac{10}{9}$

⑤ $\frac{15}{14} \times \frac{7}{18}$

⑥ $\frac{3}{4} \times \frac{4}{3}$

2 牛にゅうとジュースがあります。牛にゅうは$\frac{9}{5}$Lで，ジュースはその$\frac{5}{6}$倍あ

ります。ジュースは何Lありますか。　（牛にゅうの量）×$\frac{5}{6}$＝（ジュースの量）〔10点〕

式

答え（　　　　　　　　）

12 仮分数×仮分数（約分なし）

例

$$\frac{4}{3} \times \frac{7}{5} = \frac{4 \times 7}{3 \times 5}$$

$$= \frac{28}{15} = 1\frac{13}{15}$$

$$\frac{b}{a} \times \frac{d}{c} = \frac{b \times d}{a \times c}$$

1 次の計算をしましょう。　　　　　　　　　　　　　〔1問　15点〕

① $\dfrac{3}{2} \times \dfrac{5}{4}$

② $\dfrac{9}{7} \times \dfrac{6}{5}$

③ $\dfrac{7}{3} \times \dfrac{7}{6}$

④ $\dfrac{9}{4} \times \dfrac{5}{2}$

⑤ $\dfrac{5}{3} \times \dfrac{10}{9}$

⑥ $\dfrac{7}{4} \times \dfrac{11}{8}$

2 1mの重さが$\dfrac{7}{5}$kgのパイプがあります。このパイプ$\dfrac{11}{3}$mの重さは何kgですか。

（パイプ1mの重さ）×（長さ）〔m〕＝（パイプの重さ）〔10点〕

式

答え（　　　　　　　）

13 ◆分数のかけ算
仮分数×仮分数（約分あり）

例

$$\frac{7}{4} \times \frac{9}{7} = \frac{\overset{1}{7} \times 9}{4 \times \underset{1}{7}}$$

$$= \frac{9}{4} = 2\frac{1}{4}$$

約分できるときは、とちゅうで約分すると計算がかんたんになるよ。

1 次の計算をしましょう。　　　　　　　　　　　　　　　〔1問　15点〕

① $\dfrac{4}{3} \times \dfrac{7}{4}$

② $\dfrac{5}{4} \times \dfrac{13}{10}$

③ $\dfrac{8}{7} \times \dfrac{11}{6}$

④ $\dfrac{3}{2} \times \dfrac{16}{15}$

⑤ $\dfrac{10}{3} \times \dfrac{12}{5}$

⑥ $\dfrac{9}{5} \times \dfrac{10}{9}$

2 たて $\dfrac{10}{9}$ m，横 $\dfrac{15}{4}$ m の長方形の形をした花だんがあります。この花だんの面積は何m²ですか。　　　　　（たての長さ）×（横の長さ）＝（花だんの面積）〔10点〕

式

答え（　　　　　　　　　）

14 整数×真分数（約分なし）

例

$$5 \times \frac{2}{7} = \frac{5 \times 2}{7}$$
$$= \frac{10}{7} = 1\frac{3}{7}$$

$$a \times \frac{c}{b} = \frac{a \times c}{b}$$

1 次の計算をしましょう。 〔1問 4点〕

① $5 \times \frac{1}{7}$

② $3 \times \frac{1}{4}$

③ $2 \times \frac{4}{9}$

④ $2 \times \frac{3}{7}$

⑤ $7 \times \frac{2}{15}$

⑥ $3 \times \frac{5}{16}$

2 次の計算をしましょう。 〔1問 4点〕

① $8 \times \frac{1}{5}$

② $4 \times \frac{3}{7}$

③ $5 \times \frac{3}{8}$

④ $5 \times \frac{2}{9}$

⑤ $7 \times \frac{3}{16}$

⑥ $3 \times \frac{2}{5}$

3 次の計算をしましょう。 〔1問 4点〕

① $2 \times \dfrac{3}{5}$

② $4 \times \dfrac{2}{7}$

③ $5 \times \dfrac{1}{9}$

④ $3 \times \dfrac{3}{8}$

⑤ $7 \times \dfrac{3}{4}$

⑥ $9 \times \dfrac{2}{5}$

⑦ $2 \times \dfrac{4}{15}$

⑧ $8 \times \dfrac{1}{7}$

⑨ $4 \times \dfrac{2}{5}$

⑩ $2 \times \dfrac{8}{9}$

⑪ $9 \times \dfrac{1}{4}$

⑫ $3 \times \dfrac{7}{16}$

4 1分間に5Lの水がわき出るいずみがあります。$\dfrac{5}{6}$分間に何Lの水がわき出ることになりますか。 （1分間にわき出る水の量）$\times \dfrac{5}{6}$〔分〕＝（わき出る水の量）〔4点〕

式

答え（ ）

15 整数×真分数 (約分あり)

例

$$2 \times \frac{3}{8} = \frac{\overset{1}{2} \times 3}{\underset{4}{8}}$$

$$= \frac{3}{4}$$

約分できるときは,とちゅうで約分すると,計算がかんたんになるよ。

1 次の計算をしましょう。　　　　　　　　　　〔1問　6点〕

① $3 \times \frac{1}{6}$

② $4 \times \frac{1}{12}$

③ $8 \times \frac{1}{10}$

④ $6 \times \frac{1}{9}$

⑤ $3 \times \frac{2}{9}$

⑥ $2 \times \frac{5}{16}$

2 次の計算をしましょう。　　　　　　　　　　〔1問　6点〕

① $4 \times \frac{3}{8}$

② $7 \times \frac{4}{7}$

③ $4 \times \frac{5}{6}$

④ $8 \times \frac{5}{12}$

3 次の計算をしましょう。 〔1問 6点〕

① $6 \times \dfrac{3}{8}$

② $7 \times \dfrac{1}{14}$

③ $16 \times \dfrac{7}{12}$

④ $9 \times \dfrac{2}{15}$

⑤ $12 \times \dfrac{3}{4}$

⑥ $6 \times \dfrac{5}{9}$

4 さくらさんは、リボンを6m持っています。妹の持っているリボンの長さは、さくらさんの$\dfrac{2}{3}$倍です。妹は、リボンを何m持っていますか。 〔4点〕

(さくらさんのリボンの長さ)$\times \dfrac{2}{3} =$(妹のリボンの長さ)

式

答え（　　　　　　）

16 整数×仮分数 （約分なし）

得点

点

例

$$3 \times \frac{3}{2} = \frac{3 \times 3}{2}$$
$$= \frac{9}{2} = 4\frac{1}{2}$$

$$a \times \frac{c}{b} = \frac{a \times c}{b}$$

1 次の計算をしましょう。　〔1問　15点〕

① $4 \times \frac{5}{3}$

② $3 \times \frac{6}{5}$

③ $5 \times \frac{3}{2}$

④ $2 \times \frac{9}{7}$

⑤ $3 \times \frac{11}{4}$

⑥ $5 \times \frac{10}{9}$

2 ペンキ1Lで8m²のかべをぬることができます。このペンキが$\frac{9}{5}$Lあります。

何m²のかべをぬることができますか。　〔10点〕
（1Lでぬれる面積）×（ペンキの量）〔L〕＝（ぬれる面積）

[式]

[答え] （　　　　　　　）

17 整数×仮分数（約分あり）

例

$$2 \times \frac{7}{6} = \frac{\overset{1}{2} \times 7}{\underset{3}{6}}$$

$$= \frac{7}{3} = 2\frac{1}{3}$$

約分できるときは，
とちゅうで約分する
と，計算がかんたん
になるよ。

1 次の計算をしましょう。 〔1問 15点〕

① $6 \times \dfrac{9}{8}$

② $3 \times \dfrac{10}{9}$

③ $9 \times \dfrac{7}{6}$

④ $2 \times \dfrac{11}{10}$

⑤ $4 \times \dfrac{13}{8}$

⑥ $12 \times \dfrac{5}{4}$

2 1mが6kgの鉄のぼうがあります。この鉄のぼう$\dfrac{9}{4}$mの重さは何kgですか。

（鉄のぼう1mの重さ）×（長さ）〔m〕＝（鉄のぼうの重さ）〔10点〕

式

答え（ ）

18 整数×帯分数（約分なし）

例

$$2 \times 1\frac{1}{7} = 2 \times \frac{8}{7}$$
$$= \frac{2 \times 8}{7}$$
$$= \frac{16}{7} = 2\frac{2}{7}$$

帯分数は仮分数に
なおして計算する
よ。

1 次の計算をしましょう。 〔1問 6点〕

① $2 \times 1\frac{1}{3}$

② $4 \times 1\frac{1}{5}$

③ $7 \times 1\frac{1}{4}$

④ $3 \times 1\frac{1}{10}$

2 次の計算をしましょう。 〔1問 6点〕

① $2 \times 1\frac{2}{7}$

② $3 \times 2\frac{3}{4}$

③ $5 \times 2\frac{1}{4}$

④ $4 \times 1\frac{2}{3}$

3 次の計算をしましょう。 〔1問　6点〕

① $2 \times 3\frac{2}{3}$

② $3 \times 1\frac{1}{4}$

③ $2 \times 2\frac{1}{7}$

④ $3 \times 3\frac{2}{5}$

⑤ $4 \times 2\frac{1}{3}$

⑥ $4 \times 1\frac{4}{9}$

⑦ $2 \times 1\frac{3}{11}$

⑧ $5 \times 2\frac{1}{2}$

4 ペンキ1Lで6m²のかべをぬることができます。このペンキ$2\frac{1}{5}$Lで，何m²の
かべをぬることができますか。

(1Lでぬれる面積)×(ペンキの量)〔L〕=(ぬれる面積)〔4点〕

式

答え（　　　　　　　）

19 整数×帯分数（約分あり）

例

$$2 \times 1\frac{3}{4} = 2 \times \frac{7}{4}$$

$$= \frac{\overset{1}{2} \times 7}{\underset{2}{4}}$$

$$= \frac{7}{2} = 3\frac{1}{2}$$

> 帯分数は仮分数になおして計算するよ。

1 次の計算をしましょう。　〔1問　6点〕

① $2 \times 1\frac{1}{8}$

② $3 \times 1\frac{1}{9}$

③ $4 \times 1\frac{1}{6}$

④ $8 \times 1\frac{1}{4}$

2 次の計算をしましょう。　〔1問　6点〕

① $6 \times 2\frac{2}{9}$

② $4 \times 3\frac{3}{8}$

③ $8 \times 2\frac{1}{10}$

④ $15 \times 1\frac{2}{5}$

3 次の計算をしましょう。 〔1問 6点〕

① $2 \times 2\frac{1}{4}$

② $4 \times 1\frac{7}{10}$

③ $6 \times 1\frac{3}{8}$

④ $3 \times 1\frac{1}{6}$

⑤ $14 \times 1\frac{6}{7}$

⑥ $8 \times 1\frac{5}{8}$

⑦ $3 \times 2\frac{4}{9}$

⑧ $12 \times 1\frac{1}{18}$

4 たてが3m，横が$2\frac{5}{6}$mの長方形の形をした花だんがあります。この花だんの
面積は何m²ですか。 (たての長さ)×(横の長さ)＝(花だんの面積)〔4点〕

式

答え（　　　　　　　　）

20 帯分数×真分数（約分なし）

得点

点

例

$$1\frac{2}{5} \times \frac{3}{4} = \frac{7}{5} \times \frac{3}{4}$$

$$= \frac{7 \times 3}{5 \times 4}$$

$$= \frac{21}{20} = 1\frac{1}{20}$$

帯分数は仮分数に
なおして計算する
よ。

1 次の計算をしましょう。　　　　　　　　　　〔1問　6点〕

①　$1\frac{1}{4} \times \frac{1}{3}$

②　$1\frac{1}{6} \times \frac{1}{2}$

③　$1\frac{2}{3} \times \frac{5}{7}$

④　$2\frac{1}{8} \times \frac{5}{9}$

2 次の計算をしましょう。　　　　　　　　　　〔1問　6点〕

①　$\frac{1}{5} \times 1\frac{1}{8}$

②　$\frac{1}{9} \times 1\frac{2}{3}$

③　$\frac{3}{4} \times 1\frac{2}{5}$

④　$\frac{5}{8} \times 2\frac{1}{6}$

3 次の計算をしましょう。 〔1問 6点〕

① $1\dfrac{1}{3} \times \dfrac{5}{7}$

② $\dfrac{4}{5} \times 1\dfrac{1}{3}$

③ $2\dfrac{3}{8} \times \dfrac{3}{4}$

④ $\dfrac{7}{9} \times 1\dfrac{5}{6}$

⑤ $\dfrac{3}{10} \times 1\dfrac{2}{7}$

⑥ $1\dfrac{1}{6} \times \dfrac{1}{3}$

⑦ $\dfrac{3}{8} \times 2\dfrac{1}{2}$

⑧ $2\dfrac{2}{3} \times \dfrac{4}{9}$

4 1mの重さが$\dfrac{4}{5}$kgの鉄のぼうがあります。この鉄のぼう$2\dfrac{2}{3}$mの重さは何kgですか。

（1mのぼうの重さ）×（長さ）〔m〕＝（ぼうの重さ）〔4点〕

式

答え （　　　　　）

帯分数×真分数 (約分1回)

例

$$2\frac{1}{3} \times \frac{3}{4} = \frac{7}{3} \times \frac{3}{4}$$

$$= \frac{7 \times \overset{1}{3}}{\underset{1}{3} \times 4}$$

$$= \frac{7}{4} = 1\frac{3}{4}$$

帯分数は仮分数に
なおして計算する
よ。

1 次の計算をしましょう。　　　　　　　　　　〔1問　6点〕

① $1\frac{1}{5} \times \frac{5}{7}$

② $1\frac{1}{3} \times \frac{1}{4}$

③ $2\frac{3}{4} \times \frac{8}{9}$

④ $2\frac{2}{9} \times \frac{5}{6}$

2 次の計算をしましょう。　　　　　　　　　　〔1問　6点〕

① $\frac{1}{5} \times 1\frac{1}{4}$

② $\frac{3}{7} \times 1\frac{1}{3}$

③ $\frac{5}{6} \times 1\frac{2}{7}$

④ $\frac{7}{8} \times 2\frac{4}{9}$

3 次の計算をしましょう。 〔1問 6点〕

① $1\dfrac{1}{4} \times \dfrac{3}{5}$

② $\dfrac{6}{7} \times 1\dfrac{1}{2}$

③ $\dfrac{1}{6} \times 1\dfrac{3}{5}$

④ $1\dfrac{4}{9} \times \dfrac{6}{11}$

⑤ $3\dfrac{1}{3} \times \dfrac{7}{15}$

⑥ $\dfrac{7}{12} \times 2\dfrac{1}{4}$

⑦ $1\dfrac{5}{6} \times \dfrac{4}{9}$

⑧ $\dfrac{4}{5} \times 1\dfrac{2}{3}$

4 赤いペンキが$2\dfrac{2}{5}$Lあります。黄色いペンキは赤いペンキの$\dfrac{3}{4}$倍あります。黄色いペンキは何Lありますか。 〔4点〕

(赤いペンキの量)$\times \dfrac{3}{4}=$(黄色いペンキの量)

式

答え（　　　　　　）

22 帯分数×真分数 (約分2回)

例

$$2\frac{1}{4} \times \frac{2}{3} = \frac{9}{4} \times \frac{2}{3}$$

$$= \frac{\overset{3}{\cancel{9}} \times \overset{1}{\cancel{2}}}{\underset{2}{\cancel{4}} \times \underset{1}{\cancel{3}}}$$

$$= \frac{3}{2} = 1\frac{1}{2}$$

帯分数は仮分数に
なおして計算する
よ。

1 次の計算をしましょう。　　　　　　　　　　〔1問　6点〕

① $1\frac{1}{6} \times \frac{3}{7}$

② $1\frac{1}{8} \times \frac{2}{3}$

③ $1\frac{3}{5} \times \frac{5}{6}$

④ $2\frac{1}{4} \times \frac{8}{15}$

2 次の計算をしましょう。　　　　　　　　　　〔1問　6点〕

① $\frac{2}{5} \times 1\frac{1}{4}$

② $\frac{2}{7} \times 1\frac{1}{6}$

③ $\frac{3}{5} \times 1\frac{2}{3}$

④ $\frac{3}{4} \times 2\frac{2}{9}$

3 次の計算をしましょう。 〔1問 6点〕

① $1\dfrac{1}{5} \times \dfrac{5}{8}$

② $\dfrac{3}{10} \times 1\dfrac{2}{3}$

③ $2\dfrac{5}{8} \times \dfrac{4}{7}$

④ $\dfrac{2}{7} \times 1\dfrac{3}{4}$

⑤ $\dfrac{4}{21} \times 1\dfrac{1}{8}$

⑥ $1\dfrac{1}{15} \times \dfrac{3}{8}$

⑦ $\dfrac{6}{7} \times 1\dfrac{5}{9}$

⑧ $2\dfrac{4}{5} \times \dfrac{15}{16}$

4 牛にゅうとジュースがあります。牛にゅうは$1\dfrac{4}{5}$Lで，ジュースはその$\dfrac{5}{6}$倍あります。ジュースは何Lありますか。 〔4点〕

(牛にゅうの量)$\times \dfrac{5}{6} =$(ジュースの量)

[式]

答え(　　　　　　　)

23 帯分数×帯分数（約分なし）

例

$$1\frac{1}{2} \times 1\frac{3}{4} = \frac{3}{2} \times \frac{7}{4}$$
$$= \frac{3 \times 7}{2 \times 4}$$
$$= \frac{21}{8} = 2\frac{5}{8}$$

帯分数は仮分数になおして計算するよ。

1 次の計算をしましょう。 〔1問 6点〕

① $1\frac{1}{2} \times 1\frac{1}{4}$

② $1\frac{1}{6} \times 1\frac{1}{4}$

③ $1\frac{1}{3} \times 1\frac{1}{7}$

④ $1\frac{1}{2} \times 2\frac{1}{5}$

2 次の計算をしましょう。 〔1問 6点〕

① $1\frac{2}{3} \times 1\frac{3}{4}$

② $1\frac{2}{7} \times 1\frac{3}{5}$

③ $1\frac{2}{5} \times 2\frac{1}{4}$

④ $2\frac{2}{3} \times 1\frac{3}{7}$

3 次の計算をしましょう。 〔1問 6点〕

① $1\dfrac{1}{4} \times 1\dfrac{2}{3}$

② $1\dfrac{3}{8} \times 1\dfrac{1}{2}$

③ $1\dfrac{2}{7} \times 2\dfrac{1}{4}$

④ $1\dfrac{2}{3} \times 1\dfrac{3}{8}$

⑤ $1\dfrac{2}{9} \times 1\dfrac{3}{5}$

⑥ $1\dfrac{1}{5} \times 1\dfrac{1}{7}$

⑦ $2\dfrac{3}{4} \times 1\dfrac{2}{3}$

⑧ $1\dfrac{2}{5} \times 3\dfrac{1}{2}$

4 1mの重さが$1\dfrac{3}{4}$kgの鉄のぼうがあります。この鉄のぼう$3\dfrac{1}{2}$mの重さは何kgですか。 （1mのぼうの重さ）×（長さ）〔m〕＝（ぼうの重さ）〔4点〕

式

答え（　　　　　　　　　）

24 帯分数×帯分数（約分1回）

得点

点

例

$$1\frac{1}{2} \times 1\frac{2}{3} = \frac{3}{2} \times \frac{5}{3}$$

$$= \frac{3 \times \overset{1}{5}}{2 \times \underset{1}{3}}$$

$$= \frac{5}{2} = 2\frac{1}{2}$$

帯分数は仮分数に
なおして計算する
よ。

1 次の計算をしましょう。 〔1問 6点〕

① $1\frac{1}{2} \times 1\frac{1}{6}$

② $1\frac{1}{4} \times 1\frac{1}{3}$

③ $1\frac{1}{5} \times 1\frac{1}{8}$

④ $1\frac{1}{6} \times 2\frac{1}{4}$

2 次の計算をしましょう。 〔1問 6点〕

① $1\frac{2}{3} \times 1\frac{2}{5}$

② $1\frac{5}{6} \times 1\frac{2}{7}$

③ $1\frac{1}{8} \times 1\frac{2}{9}$

④ $1\frac{3}{4} \times 2\frac{2}{3}$

3 次の計算をしましょう。　　　　　　　　　　　　　　〔1問　6点〕

① $1\dfrac{3}{4} \times 1\dfrac{1}{3}$　　　　　　　　② $1\dfrac{2}{3} \times 1\dfrac{3}{5}$

③ $1\dfrac{2}{7} \times 2\dfrac{4}{5}$　　　　　　　　④ $1\dfrac{3}{8} \times 1\dfrac{5}{7}$

⑤ $1\dfrac{1}{4} \times 1\dfrac{5}{9}$　　　　　　　　⑥ $2\dfrac{2}{3} \times 1\dfrac{1}{6}$

⑦ $1\dfrac{1}{10} \times 3\dfrac{3}{4}$　　　　　　　⑧ $2\dfrac{1}{4} \times 1\dfrac{5}{6}$

4 1Lの重さが $1\dfrac{5}{8}$ kgのすながあります。このすな $2\dfrac{2}{3}$ Lの重さは何kgですか。

（1Lのすなの重さ）×$2\dfrac{2}{3}$〔L〕＝（すなの重さ）〔4点〕

式

答え（　　　　　　　　　）

◆分数◆　43

25 帯分数×帯分数 (約分2回)

例

$$1\frac{1}{3} \times 1\frac{1}{8} = \frac{4}{3} \times \frac{9}{8}$$
$$= \frac{\overset{1}{4} \times \overset{3}{9}}{\underset{1}{3} \times \underset{2}{8}}$$
$$= \frac{3}{2} = 1\frac{1}{2}$$

帯分数は仮分数に
なおして計算する
よ。

1 次の計算をしましょう。　〔1問　6点〕

① $1\frac{1}{4} \times 1\frac{1}{5}$

② $1\frac{1}{9} \times 1\frac{1}{2}$

③ $1\frac{1}{6} \times 1\frac{1}{14}$

④ $1\frac{1}{3} \times 2\frac{1}{4}$

2 次の計算をしましょう。　〔1問　6点〕

① $1\frac{2}{7} \times 1\frac{1}{6}$

② $1\frac{3}{4} \times 1\frac{3}{7}$

③ $1\frac{1}{5} \times 1\frac{2}{3}$

④ $1\frac{5}{9} \times 2\frac{1}{4}$

3 次の計算をしましょう。　　　　　　　　　　　　　　〔1問　6点〕

① $2\dfrac{2}{5} \times 1\dfrac{7}{8}$　　　　　　　　② $1\dfrac{1}{2} \times 1\dfrac{5}{9}$

③ $1\dfrac{1}{8} \times 1\dfrac{1}{15}$　　　　　　　　④ $1\dfrac{3}{4} \times 2\dfrac{2}{7}$

⑤ $1\dfrac{5}{16} \times 2\dfrac{2}{3}$　　　　　　　　⑥ $1\dfrac{1}{14} \times 2\dfrac{4}{5}$

⑦ $1\dfrac{1}{7} \times 1\dfrac{5}{16}$　　　　　　　　⑧ $1\dfrac{4}{5} \times 4\dfrac{1}{6}$

4 赤いリボンが$2\dfrac{2}{5}$mあります。青いリボンは赤いリボンの$1\dfrac{2}{3}$倍あります。青いリボンは何mありますか。　　　　　　　　　　　　　　〔4点〕

(赤いリボンの長さ)×$1\dfrac{2}{3}$＝(青いリボンの長さ)

〔式〕

答え（　　　　　　　　　）

26 まとめの練習

1 次の計算をしましょう。　　　　　　　　　　　　　　　〔1問　4点〕

① $\dfrac{1}{4} \times \dfrac{3}{5}$　　　　　　② $\dfrac{9}{10} \times \dfrac{5}{6}$

③ $\dfrac{8}{3} \times \dfrac{7}{4}$　　　　　　④ $\dfrac{11}{8} \times \dfrac{14}{11}$

2 次の計算をしましょう。　　　　　　　　　　　　　　　〔1問　4点〕

① $3 \times \dfrac{1}{8}$　　　　　　② $6 \times \dfrac{1}{12}$

③ $2 \times \dfrac{7}{5}$　　　　　　④ $4 \times 1\dfrac{3}{8}$

3 次の計算をしましょう。　　　　　　　　　　　　　　　〔1問　4点〕

① $1\dfrac{2}{7} \times \dfrac{1}{6}$　　　　　　② $\dfrac{2}{3} \times 1\dfrac{7}{8}$

③ $1\dfrac{2}{5} \times 1\dfrac{2}{3}$　　　　　　④ $2\dfrac{1}{4} \times 1\dfrac{5}{9}$

4 次の計算をしましょう。　　　　　　　　　　　　　　　　〔1問　6点〕

① $\dfrac{6}{7} \times \dfrac{1}{3}$　　　　　　　　　② $\dfrac{7}{10} \times 4$

③ $1\dfrac{1}{8} \times 1\dfrac{5}{6}$　　　　　　　④ $\dfrac{10}{9} \times \dfrac{12}{5}$

⑤ $8 \times \dfrac{7}{12}$　　　　　　　　　⑥ $\dfrac{5}{8} \times \dfrac{4}{15}$

⑦ $\dfrac{4}{9} \times 1\dfrac{1}{2}$　　　　　　　　⑧ $\dfrac{4}{5} \times \dfrac{5}{3}$

5 しおりさんは，1mが80円のリボンを$3\dfrac{1}{4}$m買いました。代金を何円はらいましたか。　　　　　　　　　　　（1mのねだん）×$3\dfrac{1}{4}$〔m〕＝（代金）〔4点〕

式

答え（　　　　　　　　）

27 真分数÷整数（約分なし）

例

$$\frac{2}{3} \div 3 = \frac{2}{3 \times 3}$$
$$= \frac{2}{9}$$

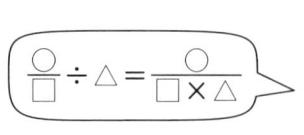

$$\frac{\bigcirc}{\square} \div \triangle = \frac{\bigcirc}{\square \times \triangle}$$

1 次の計算をしましょう。　　　　　　　　　　　〔1問　4点〕

① $\dfrac{1}{3} \div 2$　　　　　　② $\dfrac{1}{4} \div 2$

③ $\dfrac{1}{5} \div 3$　　　　　　④ $\dfrac{1}{8} \div 5$

⑤ $\dfrac{1}{6} \div 4$　　　　　　⑥ $\dfrac{1}{9} \div 3$

2 次の計算をしましょう。　　　　　　　　　　　〔1問　4点〕

① $\dfrac{3}{4} \div 2$　　　　　　② $\dfrac{2}{7} \div 5$

③ $\dfrac{3}{8} \div 4$　　　　　　④ $\dfrac{2}{5} \div 3$

⑤ $\dfrac{4}{7} \div 3$　　　　　　⑥ $\dfrac{4}{9} \div 5$

3 次の計算をしましょう。 〔1問 4点〕

① $\dfrac{1}{2} \div 7$　　　　　　② $\dfrac{4}{5} \div 3$

③ $\dfrac{5}{6} \div 9$　　　　　　④ $\dfrac{3}{4} \div 8$

⑤ $\dfrac{2}{3} \div 5$　　　　　　⑥ $\dfrac{1}{6} \div 3$

⑦ $\dfrac{1}{7} \div 4$　　　　　　⑧ $\dfrac{3}{8} \div 5$

⑨ $\dfrac{7}{9} \div 6$　　　　　　⑩ $\dfrac{5}{7} \div 2$

⑪ $\dfrac{3}{5} \div 7$　　　　　　⑫ $\dfrac{1}{8} \div 9$

4 コロッケ4この重さは$\dfrac{3}{5}$kg です。コロッケ1この重さは何kg ですか。〔4点〕

式

答え（　　　　　　）

28 真分数÷整数（約分あり）

例

$$\frac{4}{7} \div 2 = \frac{\overset{2}{\cancel{4}}}{7 \times \underset{1}{\cancel{2}}}$$

$$= \frac{2}{7}$$

$$\frac{\bigcirc}{\square} \div \triangle = \frac{\bigcirc}{\square \times \triangle}$$

約分できるときは，とちゅうで約分すると，計算がかんたんになるよ。

1 次の計算をしましょう。　〔1問　4点〕

①　$\dfrac{2}{3} \div 4$

②　$\dfrac{3}{4} \div 3$

③　$\dfrac{3}{8} \div 9$

④　$\dfrac{4}{9} \div 8$

2 次の計算をしましょう。　〔1問　4点〕

①　$\dfrac{4}{5} \div 2$

②　$\dfrac{6}{7} \div 3$

③　$\dfrac{4}{9} \div 6$

④　$\dfrac{9}{10} \div 15$

⑤　$\dfrac{8}{11} \div 4$

⑥　$\dfrac{12}{13} \div 8$

3 次の計算をしましょう。 〔1問 5点〕

① $\dfrac{6}{7} \div 9$

② $\dfrac{3}{4} \div 12$

③ $\dfrac{5}{6} \div 10$

④ $\dfrac{8}{9} \div 2$

⑤ $\dfrac{2}{7} \div 14$

⑥ $\dfrac{7}{8} \div 21$

⑦ $\dfrac{20}{27} \div 5$

⑧ $\dfrac{6}{11} \div 8$

⑨ $\dfrac{6}{11} \div 4$

⑩ $\dfrac{8}{15} \div 12$

4 ジュースが $\dfrac{4}{9}$ L あります。これを2人で同じ量ずつ分けました。1人分の
ジュースは何Lになりますか。 〔10点〕

式

答え（　　　　　　　）

29 仮分数÷整数（約分なし）

例

$$\frac{6}{5} \div 7 = \frac{6}{5 \times 7}$$
$$= \frac{6}{35}$$

計算のしかたは，
真分数÷整数と
同じだね。

1 次の計算をしましょう。 〔1問 15点〕

① $\dfrac{5}{2} \div 4$

② $\dfrac{5}{3} \div 6$

③ $\dfrac{7}{4} \div 3$

④ $\dfrac{9}{7} \div 8$

⑤ $\dfrac{11}{8} \div 2$

⑥ $\dfrac{13}{9} \div 7$

2 $\dfrac{5}{3}$mのリボンを同じ長さずつ4本に切りました。1本のリボンの長さは何mですか。 〔10点〕

式

答え（ 　　　　　　 ）

仮分数÷整数 (約分あり)

例

$$\frac{6}{5} \div 3 = \frac{\overset{2}{\cancel{6}}}{5 \times \underset{1}{\cancel{3}}}$$

$$= \frac{2}{5}$$

約分できるときは、とちゅうで約分しよう。

1 次の計算をしましょう。　　　　　　　　　　　　　　〔1問　15点〕

① $\frac{4}{3} \div 6$

② $\frac{7}{6} \div 28$

③ $\frac{9}{4} \div 21$

④ $\frac{25}{9} \div 5$

⑤ $\frac{13}{10} \div 26$

⑥ $\frac{22}{21} \div 33$

2 ジュースが $\frac{8}{7}$ L あります。これを6人で同じ量ずつ分けて飲みます。1人分のジュースは何Lですか。　　　　　　　　　　　　　　〔10点〕

式

答え（　　　　　　　　　）

31 帯分数÷整数（約分なし）

得点

点

例

$$1\frac{3}{4} \div 2 = \frac{7}{4} \div 2$$
$$= \frac{7}{4 \times 2} = \frac{7}{8}$$

帯分数は仮分数に
なおして計算する
よ。

1 次の計算をしましょう。　　　　　　　　　　　〔1問　6点〕

① $1\frac{1}{4} \div 3$

② $2\frac{1}{3} \div 4$

③ $1\frac{1}{6} \div 5$

④ $2\frac{1}{2} \div 3$

⑤ $1\frac{2}{3} \div 4$

⑥ $2\frac{3}{5} \div 6$

2 次の計算をしましょう。　　　　　　　　　　　〔1問　6点〕

① $2\frac{1}{3} \div 2$

② $3\frac{1}{3} \div 3$

③ $2\frac{3}{4} \div 2$

④ $3\frac{4}{5} \div 3$

3 次の計算をしましょう。 〔1問 6点〕

① $1\dfrac{4}{5} \div 2$

② $2\dfrac{1}{7} \div 4$

③ $2\dfrac{1}{4} \div 5$

④ $3\dfrac{5}{6} \div 2$

⑤ $4\dfrac{1}{3} \div 3$

⑥ $1\dfrac{3}{8} \div 4$

4 $2\dfrac{1}{5}$ kg のねん土を4人で同じ重さずつ分けました。1人分のねん土の重さは何kgになりましたか。 〔4点〕

式

答え（ 　　　　　　 ）

32 帯分数÷整数 (約分あり)

得点

点

例

$$2\frac{2}{5} \div 4 = \frac{12}{5} \div 4$$

$$= \frac{\overset{3}{\cancel{12}}}{5 \times \underset{1}{\cancel{4}}}$$

$$= \frac{3}{5}$$

帯分数は仮分数に
なおして計算する
よ。

1 次の計算をしましょう。　　〔1問　6点〕

① $1\frac{1}{2} \div 3$　　② $2\frac{1}{4} \div 3$

③ $1\frac{3}{5} \div 4$　　④ $2\frac{4}{7} \div 6$

2 次の計算をしましょう。　　〔1問　6点〕

① $3\frac{1}{3} \div 2$　　② $3\frac{1}{7} \div 2$

③ $2\frac{2}{5} \div 2$　　④ $3\frac{3}{4} \div 3$

3 次の計算をしましょう。　　　　　　　　　　　　　　〔1問　6点〕

① $1\dfrac{2}{7} \div 3$

② $2\dfrac{4}{5} \div 7$

③ $1\dfrac{1}{3} \div 4$

④ $3\dfrac{1}{5} \div 2$

⑤ $2\dfrac{1}{4} \div 6$

⑥ $1\dfrac{7}{8} \div 12$

⑦ $2\dfrac{2}{9} \div 2$

⑧ $2\dfrac{5}{8} \div 9$

4 さとうが $2\dfrac{2}{7}$ kg あります。これを4つのふくろに同じ重さになるように分け入れます。1つのふくろのさとうの重さは何kgになりますか。　　〔4点〕

式

答え（　　　　　　　　）

33 真分数÷真分数（約分なし）

得点

点

例

$$\frac{2}{3} \div \frac{5}{7} = \frac{2}{3} \times \frac{7}{5}$$
$$= \frac{2 \times 7}{3 \times 5}$$
$$= \frac{14}{15}$$

分数でわるときは
わる数の分母と
分子を入れかえた
数（逆数）をかけて
計算するんだね。

$$\frac{b}{a} \div \frac{d}{c} = \frac{b}{a} \times \frac{c}{d}$$

1 次の計算をしましょう。　　　　　　　　　　　　〔1問　6点〕

① $\dfrac{1}{4} \div \dfrac{2}{3}$　　　　　　② $\dfrac{1}{5} \div \dfrac{3}{4}$

③ $\dfrac{1}{6} \div \dfrac{1}{5}$　　　　　　④ $\dfrac{2}{7} \div \dfrac{3}{4}$

2 次の計算をしましょう。　　　　　　　　　　　　〔1問　6点〕

① $\dfrac{2}{5} \div \dfrac{1}{3}$　　　　　　② $\dfrac{3}{7} \div \dfrac{1}{4}$

③ $\dfrac{1}{2} \div \dfrac{1}{5}$　　　　　　④ $\dfrac{4}{5} \div \dfrac{3}{7}$

3 次の計算をしましょう。 〔1問 6点〕

① $\dfrac{3}{4} \div \dfrac{2}{7}$

② $\dfrac{1}{3} \div \dfrac{2}{5}$

③ $\dfrac{3}{5} \div \dfrac{4}{9}$

④ $\dfrac{5}{8} \div \dfrac{2}{3}$

⑤ $\dfrac{5}{6} \div \dfrac{1}{7}$

⑥ $\dfrac{6}{7} \div \dfrac{5}{8}$

⑦ $\dfrac{4}{5} \div \dfrac{3}{4}$

⑧ $\dfrac{2}{9} \div \dfrac{3}{5}$

4 $\dfrac{3}{4}$ mの重さが $\dfrac{5}{7}$ kgの鉄のパイプがあります。この鉄のパイプ1mの重さは，何kgですか。 （鉄のパイプの重さ）÷（長さ）〔m〕＝（鉄のパイプ1mの重さ）〔4点〕

式

答え（　　　　　　　　）

34 真分数÷真分数 （約分1回）

例

$$\frac{2}{3} \div \frac{4}{7} = \frac{2}{3} \times \frac{7}{4}$$

$$= \frac{\overset{1}{2} \times 7}{3 \times \underset{2}{4}}$$

$$= \frac{7}{6} = 1\frac{1}{6}$$

$\dfrac{b}{a} \div \dfrac{d}{c} = \dfrac{b}{a} \times \dfrac{c}{d}$

約分できるときは，とちゅうで約分すると，計算がかんたんになるよ。

1 次の計算をしましょう。　　　　　　　　　　　　　〔1問　6点〕

① $\dfrac{1}{6} \div \dfrac{2}{3}$

② $\dfrac{1}{8} \div \dfrac{1}{4}$

③ $\dfrac{4}{7} \div \dfrac{4}{5}$

④ $\dfrac{2}{9} \div \dfrac{5}{6}$

2 次の計算をしましょう。　　　　　　　　　　　　　〔1問　6点〕

① $\dfrac{3}{8} \div \dfrac{1}{4}$

② $\dfrac{1}{3} \div \dfrac{1}{6}$

③ $\dfrac{4}{5} \div \dfrac{2}{3}$

④ $\dfrac{3}{7} \div \dfrac{3}{10}$

3 次の計算をしましょう。　　　　　　　　　　　　　　　　〔1問　6点〕

① $\dfrac{5}{6} \div \dfrac{3}{4}$

② $\dfrac{4}{9} \div \dfrac{4}{5}$

③ $\dfrac{7}{8} \div \dfrac{1}{6}$

④ $\dfrac{1}{12} \div \dfrac{7}{9}$

⑤ $\dfrac{3}{5} \div \dfrac{8}{15}$

⑥ $\dfrac{6}{7} \div \dfrac{9}{10}$

⑦ $\dfrac{4}{9} \div \dfrac{6}{7}$

⑧ $\dfrac{5}{16} \div \dfrac{7}{12}$

4 $\dfrac{5}{6}$dLで$\dfrac{2}{3}$m²のかべをぬれるペンキがあります。このペンキ1dLでは，何m²の

かべをぬることができますか。　　　　　　　　　　　　　　　〔4点〕

（ぬれる面積）÷（ペンキの量）〔dL〕＝（ペンキ1dLでぬれる面積）

式

答え（　　　　　　　　　）

35 真分数÷真分数 （約分2回）

例

$$\frac{4}{9} \div \frac{2}{3} = \frac{4}{9} \times \frac{3}{2}$$

$$= \frac{\overset{2}{4} \times \overset{1}{3}}{\underset{3}{9} \times \underset{1}{2}}$$

$$= \frac{2}{3}$$

約分できるときは，とちゅうで約分すると，計算がかんたんになるよ。

1 次の計算をしましょう。　〔1問　6点〕

① $\dfrac{3}{8} \div \dfrac{3}{4}$

② $\dfrac{5}{9} \div \dfrac{5}{6}$

③ $\dfrac{4}{9} \div \dfrac{8}{15}$

④ $\dfrac{3}{4} \div \dfrac{9}{10}$

2 次の計算をしましょう。　〔1問　6点〕

① $\dfrac{2}{3} \div \dfrac{2}{9}$

② $\dfrac{5}{8} \div \dfrac{5}{12}$

③ $\dfrac{15}{28} \div \dfrac{3}{7}$

④ $\dfrac{8}{9} \div \dfrac{2}{15}$

3 次の計算をしましょう。　　　　　　　　　　　　　　〔1問　6点〕

① $\dfrac{2}{3} \div \dfrac{4}{9}$

② $\dfrac{5}{6} \div \dfrac{5}{8}$

③ $\dfrac{3}{4} \div \dfrac{9}{16}$

④ $\dfrac{10}{21} \div \dfrac{5}{9}$

⑤ $\dfrac{2}{15} \div \dfrac{4}{9}$

⑥ $\dfrac{4}{5} \div \dfrac{2}{15}$

⑦ $\dfrac{4}{7} \div \dfrac{8}{21}$

⑧ $\dfrac{9}{16} \div \dfrac{3}{8}$

4 $\dfrac{4}{5}$ mのテープを $\dfrac{4}{15}$ mずつ切ると，テープは何本できますか。　　〔4点〕

（全体の長さ）÷（1本の長さ）で求められます。

式

答え  (　　　　　　　　)

36 仮分数÷真分数 （約分なし）

例

$$\frac{3}{4} \div \frac{5}{3} = \frac{3}{4} \times \frac{3}{5}$$

$$= \frac{3 \times 3}{4 \times 5}$$

$$= \frac{9}{20}$$

$$\frac{b}{a} \div \frac{d}{c} = \frac{b}{a} \times \frac{c}{d}$$

1 次の計算をしましょう。 〔1問 15点〕

① $\frac{7}{5} \div \frac{3}{4}$

② $\frac{9}{8} \div \frac{1}{5}$

③ $\frac{5}{3} \div \frac{4}{5}$

④ $\frac{3}{5} \div \frac{8}{3}$

⑤ $\frac{2}{3} \div \frac{5}{4}$

⑥ $\frac{1}{4} \div \frac{9}{7}$

2 $\frac{7}{5}$ m² の板をぬるのに $\frac{2}{3}$ dLのペンキが必要です。このペンキ1dLでは何m²の板をぬることができますか。 〔10点〕

（ぬれる面積）÷（ペンキの量）〔dL〕＝（ペンキ1dLでぬれる面積）

式

答え（　　　　　　　）

仮分数÷真分数（約分あり）

例

$$\frac{4}{3} \div \frac{5}{6} = \frac{4}{3} \times \frac{6}{5}$$

$$= \frac{4 \times \overset{2}{6}}{\underset{1}{3} \times 5}$$

$$= \frac{8}{5} = 1\frac{3}{5}$$

約分できるときは，とちゅうで約分すると計算がかんたんになるよ。

1 次の計算をしましょう。　　　　　　　　〔1問　15点〕

① $\dfrac{5}{4} \div \dfrac{1}{6}$　　　　　　② $\dfrac{7}{3} \div \dfrac{4}{9}$

③ $\dfrac{8}{5} \div \dfrac{14}{15}$　　　　　④ $\dfrac{5}{6} \div \dfrac{3}{2}$

⑤ $\dfrac{4}{7} \div \dfrac{10}{7}$　　　　　⑥ $\dfrac{8}{9} \div \dfrac{4}{3}$

2 ジュースが $\dfrac{3}{8}$ L，牛にゅうが $\dfrac{6}{5}$ L あります。ジュースは牛にゅうの何倍ありますか。　　　　　（ジュースの量）÷（牛にゅうの量）で求められます。〔10点〕

式

答え（　　　　　　　　　）

38 仮分数÷仮分数 （約分なし）

得点

点

例

$$\frac{6}{5} \div \frac{7}{3} = \frac{6}{5} \times \frac{3}{7}$$

$$= \frac{6 \times 3}{5 \times 7}$$

$$= \frac{18}{35}$$

$$\frac{b}{a} \div \frac{d}{c} = \frac{b}{a} \times \frac{c}{d}$$

1 次の計算をしましょう。　　　　　　　　　　　　　　　　　〔1問　15点〕

① $\dfrac{5}{3} \div \dfrac{9}{2}$

② $\dfrac{7}{4} \div \dfrac{4}{3}$

③ $\dfrac{9}{5} \div \dfrac{10}{3}$

④ $\dfrac{11}{7} \div \dfrac{3}{2}$

⑤ $\dfrac{8}{5} \div \dfrac{9}{4}$

⑥ $\dfrac{5}{4} \div \dfrac{11}{9}$

2 米 $\dfrac{9}{5}$ Lの重さをはかると，$\dfrac{10}{3}$ kgありました。この米1Lの重さは何kgですか。

（米の重さ）÷（米の量）〔L〕＝（米1Lの重さ）〔10点〕

[式]

答え（　　　　　　　　）

仮分数÷仮分数 （約分あり）

例

$$\frac{9}{4} \div \frac{5}{2} = \frac{9}{4} \times \frac{2}{5}$$

$$= \frac{9 \times \overset{1}{2}}{\underset{2}{4} \times 5}$$

$$= \frac{9}{10}$$

約分できるときは,
とちゅうで約分する
と計算がかんたん
になるよ。

1 次の計算をしましょう。　　　　　　　　　　　　〔1問　15点〕

① $\dfrac{8}{5} \div \dfrac{4}{3}$

② $\dfrac{7}{4} \div \dfrac{5}{4}$

③ $\dfrac{10}{9} \div \dfrac{8}{7}$

④ $\dfrac{9}{5} \div \dfrac{21}{10}$

⑤ $\dfrac{5}{3} \div \dfrac{10}{9}$

⑥ $\dfrac{33}{14} \div \dfrac{11}{7}$

2 面積が $\dfrac{8}{3}$ m²の長方形の形をした花だんがあります。この花だんのたての長さは $\dfrac{6}{5}$ mだそうです。横の長さは何mになりますか。　　　〔10点〕

（花だんの面積）÷（たての長さ）＝（横の長さ）

式

答え（　　　　　　　　）

40 整数÷真分数（約分なし）

例

$$3 \div \frac{2}{5} = 3 \times \frac{5}{2}$$
$$= \frac{3 \times 5}{2}$$
$$= \frac{15}{2} = 7\frac{1}{2}$$

分数でわるときは
わる数の分母と
分子を入れかえた
数（逆数）をかけて
計算するんだね。

$$a \div \frac{c}{b} = a \times \frac{b}{c}$$

1 次の計算をしましょう。 〔1問　6点〕

① $4 \div \frac{3}{5}$

② $3 \div \frac{5}{6}$

③ $8 \div \frac{3}{4}$

④ $5 \div \frac{7}{8}$

2 次の計算をしましょう。 〔1問　6点〕

① $7 \div \frac{9}{10}$

② $4 \div \frac{11}{12}$

③ $11 \div \frac{6}{7}$

④ $13 \div \frac{3}{4}$

次の計算をしましょう。 〔1問 6点〕

① $4 \div \dfrac{7}{9}$ ② $8 \div \dfrac{9}{11}$

③ $3 \div \dfrac{2}{3}$ ④ $10 \div \dfrac{3}{5}$

⑤ $5 \div \dfrac{3}{4}$ ⑥ $2 \div \dfrac{5}{7}$

⑦ $11 \div \dfrac{5}{6}$ ⑧ $3 \div \dfrac{14}{15}$

4 $\dfrac{3}{4}$ dLのペンキで，2m²のかべをぬることができます。このペンキ1dLでは，

何m²のかべをぬることができますか。 〔4点〕

(ぬれる面積)÷(ペンキの量)〔dL〕＝(1dLでぬれる面積)

式

答え( )

41 整数÷真分数（約分あり）

例

$$4 \div \frac{8}{9} = 4 \times \frac{9}{8}$$

$$= \frac{\overset{1}{4} \times 9}{\underset{2}{8}}$$

$$= \frac{9}{2} = 4\frac{1}{2}$$

$$a \div \frac{c}{b} = a \times \frac{b}{c}$$

約分できるときは，とちゅうで約分すると，計算がかんたんになるよ。

1 次の計算をしましょう。　〔1問　6点〕

① $2 \div \frac{4}{9}$

② $8 \div \frac{6}{7}$

③ $6 \div \frac{2}{5}$

④ $3 \div \frac{3}{4}$

2 次の計算をしましょう。　〔1問　6点〕

① $4 \div \frac{6}{11}$

② $7 \div \frac{14}{15}$

③ $12 \div \frac{8}{9}$

④ $20 \div \frac{4}{7}$

3 次の計算をしましょう。 〔1問 6点〕

① $6 \div \dfrac{8}{9}$

② $18 \div \dfrac{3}{5}$

③ $10 \div \dfrac{5}{8}$

④ $2 \div \dfrac{4}{7}$

⑤ $8 \div \dfrac{12}{13}$

⑥ $6 \div \dfrac{9}{10}$

⑦ $4 \div \dfrac{4}{5}$

⑧ $9 \div \dfrac{6}{7}$

4 長さが9mのテープがあります。このテープを$\dfrac{3}{5}$mずつに切っていくと，何本のテープができますか。 （全体の長さ）÷（1本の長さ）で求められます。〔4点〕

式

答え（　　　　　　　）

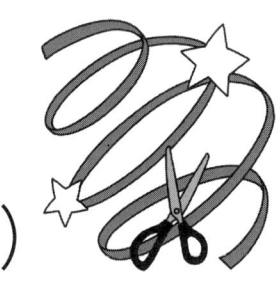

42 整数÷仮分数（約分なし）

例

$$3 \div \frac{7}{2} = 3 \times \frac{2}{7}$$
$$= \frac{3 \times 2}{7}$$
$$= \frac{6}{7}$$

$$a \div \frac{c}{b} = a \times \frac{b}{c}$$

1 次の計算をしましょう。

〔1問　15点〕

① $2 \div \frac{9}{4}$

② $6 \div \frac{5}{3}$

③ $4 \div \frac{7}{5}$

④ $7 \div \frac{8}{7}$

⑤ $3 \div \frac{10}{9}$

⑥ $11 \div \frac{8}{3}$

2 長さが10mで，重さが$\frac{13}{8}$kgのはり金があります。このはり金1kgの長さは何mですか。

(はり金の長さ)÷(重さ)〔kg〕＝(はり金1kgの長さ)〔10点〕

式

 答え（　　　　　　　　）

◆分数のわり算

43 整数÷仮分数 （約分あり）

得点

点

例

$$8 \div \frac{6}{5} = 8 \times \frac{5}{6}$$

$$= \frac{8 \times \overset{4}{5}}{\underset{3}{6}}$$

$$= \frac{20}{3} = 6\frac{2}{3}$$

約分できるときは,
とちゅうで約分する
と計算がかんたん
になるよ。

1 次の計算をしましょう。　　　　　　　　　　　　　　　〔1問　15点〕

① $3 \div \frac{9}{7}$　　　　　　　　② $4 \div \frac{8}{5}$

③ $6 \div \frac{16}{9}$　　　　　　　　④ $10 \div \frac{12}{11}$

⑤ $14 \div \frac{7}{6}$　　　　　　　　⑥ $15 \div \frac{3}{2}$

2 リボンが9mあります。このリボンから1本が$\frac{3}{2}$mのリボンを何本切り取ることができますか。　　　　（全体の長さ）÷（1本の長さ）で求められます。〔10点〕

式

答え (　　　　　　　　)

◆分数◆ 73

44 整数÷帯分数 （約分なし）

例

$$3 \div 1\frac{2}{5} = 3 \div \frac{7}{5}$$
$$= 3 \times \frac{5}{7}$$
$$= \frac{3 \times 5}{7}$$
$$= \frac{15}{7} = 2\frac{1}{7}$$

帯分数は仮分数に
なおして計算する
よ。

1 次の計算をしましょう。　　　　　　　　　　　　　　　〔1問　7点〕

① $2 \div 2\frac{1}{2}$

② $3 \div 3\frac{2}{3}$

2 次の計算をしましょう。　　　　　　　　　　　　　　　〔1問　7点〕

① $2 \div 1\frac{1}{2}$

② $3 \div 1\frac{1}{4}$

③ $3 \div 2\frac{2}{3}$

④ $4 \div 2\frac{3}{5}$

3 次の計算をしましょう。 〔1問 7点〕

① $3 \div 1\frac{2}{5}$

② $2 \div 2\frac{1}{3}$

③ $4 \div 1\frac{5}{6}$

④ $2 \div 1\frac{3}{4}$

⑤ $2 \div 3\frac{1}{4}$

⑥ $3 \div 2\frac{1}{2}$

⑦ $5 \div 2\frac{2}{7}$

⑧ $4 \div 1\frac{2}{3}$

4 牛にゅうが2L，ジュースが$1\frac{5}{6}$Lあります。牛にゅうの量はジュースの量の何倍ですか。 （牛にゅうの量）÷（ジュースの量）で求められます。〔2点〕

式

答え（　　　　　　　　）

45 整数÷帯分数（約分あり）

例

$$4 \div 2\frac{2}{3} = 4 \div \frac{8}{3}$$

$$= 4 \times \frac{3}{8}$$

$$= \frac{\overset{1}{4} \times 3}{\underset{2}{8}}$$

$$= \frac{3}{2} = 1\frac{1}{2}$$

帯分数は仮分数に
なおして計算する
よ。

---

1 次の計算をしましょう。　　　　　　　　　　　〔1問　7点〕

①　$2 \div 2\frac{2}{3}$　　　　　　　　②　$3 \div 3\frac{3}{4}$

---

2 次の計算をしましょう。　　　　　　　　　　　〔1問　7点〕

①　$2 \div 1\frac{1}{3}$　　　　　　　　②　$3 \div 1\frac{1}{2}$

③　$6 \div 2\frac{2}{3}$　　　　　　　　④　$3 \div 2\frac{2}{5}$

3 次の計算をしましょう。 〔1問 7点〕

① $3 \div 1\dfrac{2}{7}$

② $2 \div 2\dfrac{4}{5}$

③ $8 \div 1\dfrac{1}{3}$

④ $3 \div 4\dfrac{1}{2}$

⑤ $4 \div 5\dfrac{1}{3}$

⑥ $12 \div 1\dfrac{7}{9}$

⑦ $15 \div 1\dfrac{4}{5}$

⑧ $6 \div 1\dfrac{7}{8}$

4 はり金が9mあります。このはり金から1本が$1\dfrac{1}{2}$mのはり金を何本切り取ることができますか。 （全体の長さ）÷（1本の長さ）で求められます。〔2点〕

式

答え（　　　　　　　）

46 帯分数÷真分数 （約分なし）

例

$$1\frac{3}{4} \div \frac{2}{3} = \frac{7}{4} \div \frac{2}{3}$$

$$= \frac{7}{4} \times \frac{3}{2}$$

$$= \frac{7 \times 3}{4 \times 2}$$

$$= \frac{21}{8} = 2\frac{5}{8}$$

帯分数は仮分数に
なおして計算する
よ。

1 次の計算をしましょう。 〔1問 10点〕

① $1\frac{1}{3} \div \frac{1}{4}$

② $\frac{1}{5} \div 1\frac{1}{7}$

2 次の計算をしましょう。 〔1問 10点〕

① $2\frac{2}{3} \div \frac{3}{5}$

② $2\frac{1}{4} \div \frac{2}{7}$

③ $\frac{3}{4} \div 2\frac{4}{5}$

④ $\frac{5}{7} \div 2\frac{2}{3}$

3 次の計算をしましょう。 〔1問 10点〕

① $2\dfrac{1}{4} \div \dfrac{5}{7}$

② $\dfrac{2}{9} \div 1\dfrac{3}{4}$

③ $\dfrac{5}{8} \div 2\dfrac{1}{3}$

④ $1\dfrac{1}{6} \div \dfrac{1}{5}$

～ひとやすみ～

◆なぜ逆数をかけるのか？

　分数を分数でわる計算は，なぜわる数の分母と分子をひっくりかえした数（逆数）をかけるのでしょうか。

　$\dfrac{5}{6}$ と $\dfrac{6}{5}$，$\dfrac{1}{4}$ と4のように，2つの数の積が1になるとき，一方の数をもう一方の数の逆数といいます。あなたは，4年生のときに，次のことを学習しましたね。

　「わり算では，わられる数とわる数の両方に同じ数をかけても，両方を同じ数でわっても，答えは変わらない。」

　このことを使えば，分数のわり算では，なぜわる数の逆数をかければよいかがわかります。

　つまり，下のように，わる数が1になるような数 $\dfrac{9}{4}$ を，わられる数とわる数の両方にかけるのです。

$$\dfrac{3}{7} \div \dfrac{4}{9} = \left(\dfrac{3}{7} \times \dfrac{9}{4}\right) \div \left(\dfrac{4}{9} \times \dfrac{9}{4}\right) = \dfrac{3}{7} \times \dfrac{9}{4} \div 1 = \dfrac{3}{7} \times \dfrac{9}{4}$$

そして，計算していき，いちばん最後を見ると，わる数の分母と分子をひっくりかえした形になっていますね。だから，分数を分数でわる計算は，わる数の分母と分子をひっくりかえしてかければよいのです。

47 帯分数÷真分数（約分1回）

例

$$1\frac{1}{3} \div \frac{5}{9} = \frac{4}{3} \div \frac{5}{9}$$

$$= \frac{4}{3} \times \frac{9}{5}$$

$$= \frac{4 \times \overset{3}{\cancel{9}}}{\underset{1}{\cancel{3}} \times 5}$$

$$= \frac{12}{5} = 2\frac{2}{5}$$

帯分数は仮分数に
なおして計算する
よ。

1 次の計算をしましょう。 〔1問 8点〕

① $1\frac{1}{6} \div \frac{1}{3}$

② $\frac{1}{4} \div 1\frac{1}{2}$

2 次の計算をしましょう。 〔1問 8点〕

① $1\frac{1}{5} \div \frac{7}{10}$

② $2\frac{3}{4} \div \frac{5}{8}$

③ $\frac{5}{6} \div 1\frac{1}{3}$

④ $\frac{8}{9} \div 2\frac{2}{5}$

3 次の計算をしましょう。 〔1問 8点〕

① $\dfrac{4}{9} \div 1\dfrac{5}{6}$

② $1\dfrac{1}{7} \div \dfrac{4}{5}$

③ $\dfrac{1}{3} \div 1\dfrac{2}{3}$

④ $2\dfrac{5}{8} \div \dfrac{6}{7}$

⑤ $2\dfrac{1}{7} \div \dfrac{5}{6}$

⑥ $\dfrac{9}{10} \div 3\dfrac{1}{4}$

4 $1\dfrac{1}{6}$ m² の畑に $\dfrac{3}{8}$ dL の肥料をまきました。この割合でまくと,この肥料 1 dL では,何 m² の畑にまくことができますか。 〔4点〕

(肥料をまいた面積) $\div \dfrac{3}{8}$ 〔dL〕＝(肥料1dLでまける面積)

式

答え (　　　　　　　　)

48 帯分数÷真分数 （約分2回）

例

$$1\frac{1}{5} \div \frac{4}{15} = \frac{6}{5} \div \frac{4}{15}$$
$$= \frac{6}{5} \times \frac{15}{4}$$
$$= \frac{\overset{3}{6} \times \overset{3}{15}}{\underset{1}{5} \times \underset{2}{4}}$$
$$= \frac{9}{2} = 4\frac{1}{2}$$

帯分数は仮分数に
なおして計算する
よ。

1 次の計算をしましょう。　　　　　　　　　　　〔1問　10点〕

① $1\frac{1}{3} \div \frac{8}{9}$　　　　　　　② $\frac{5}{8} \div 1\frac{1}{4}$

2 次の計算をしましょう。　　　　　　　　　　　〔1問　10点〕

① $1\frac{3}{5} \div \frac{14}{15}$　　　　　　　② $2\frac{2}{7} \div \frac{8}{21}$

③ $\frac{5}{6} \div 2\frac{2}{9}$　　　　　　　④ $\frac{9}{10} \div 3\frac{3}{4}$

3 次の計算をしましょう。 〔1問 10点〕

① $1\dfrac{1}{5} \div \dfrac{4}{15}$

② $\dfrac{6}{7} \div 1\dfrac{3}{7}$

③ $2\dfrac{1}{4} \div \dfrac{15}{16}$

④ $\dfrac{7}{9} \div 4\dfrac{2}{3}$

～ひとやすみ～

◆計算パズル

　右のパズルの○，△，□，◇，☆にあてはまる数を入れましょう。

　○，△，□，◇，☆には，それぞれ別の1けたの数が入ります。

（答えは別冊の16ページ）

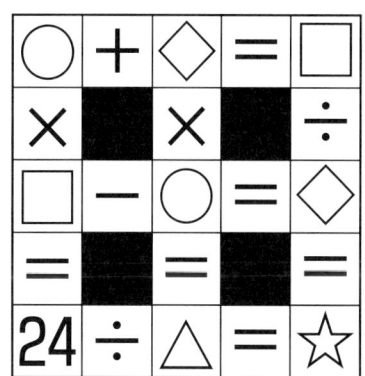

49 帯分数÷帯分数 （約分なし）

例

$$1\frac{2}{3} \div 1\frac{3}{4} = \frac{5}{3} \div \frac{7}{4}$$

$$= \frac{5}{3} \times \frac{4}{7}$$

$$= \frac{5 \times 4}{3 \times 7}$$

$$= \frac{20}{21}$$

帯分数は仮分数に
なおして計算する
よ。

---

1 次の計算をしましょう。　　　　　　　〔1問　8点〕

① $1\frac{1}{4} \div 1\frac{1}{3}$

② $1\frac{2}{5} \div 2\frac{1}{2}$

2 次の計算をしましょう。　　　　　　　〔1問　8点〕

① $1\frac{4}{5} \div 1\frac{1}{3}$

② $1\frac{3}{4} \div 1\frac{2}{7}$

③ $2\frac{2}{5} \div 1\frac{1}{6}$

④ $2\frac{2}{3} \div 1\frac{2}{5}$

3 次の計算をしましょう。 〔1問　8点〕

① $1\dfrac{1}{5} \div 1\dfrac{3}{4}$

② $2\dfrac{2}{3} \div 1\dfrac{2}{7}$

③ $1\dfrac{5}{6} \div 2\dfrac{3}{5}$

④ $3\dfrac{1}{2} \div 1\dfrac{1}{9}$

⑤ $1\dfrac{5}{8} \div 1\dfrac{2}{5}$

⑥ $2\dfrac{3}{7} \div 2\dfrac{1}{4}$

4 赤いテープが $1\dfrac{5}{8}$ m，白いテープが $1\dfrac{2}{3}$ m あります。赤いテープは白いテープの何倍ありますか。 （赤いテープの長さ）÷（白いテープの長さ）で求められます。〔4点〕

式

答え（ 　　　　　 ）

50 帯分数÷帯分数（約分1回）

例

$$1\frac{1}{2} \div 1\frac{3}{4} = \frac{3}{2} \div \frac{7}{4}$$

$$= \frac{3}{2} \times \frac{4}{7}$$

$$= \frac{3 \times \overset{2}{4}}{\underset{1}{2} \times 7}$$

$$= \frac{6}{7}$$

帯分数は仮分数に
なおして計算する
よ。

1 次の計算をしましょう。 〔1問 8点〕

① $1\frac{1}{4} \div 2\frac{1}{6}$

② $1\frac{2}{3} \div 2\frac{1}{2}$

2 次の計算をしましょう。 〔1問 8点〕

① $1\frac{5}{6} \div 1\frac{1}{3}$

② $1\frac{4}{5} \div 1\frac{2}{7}$

③ $2\frac{3}{8} \div 1\frac{5}{6}$

④ $2\frac{2}{9} \div 1\frac{5}{7}$

3 次の計算をしましょう。 〔1問 8点〕

① $1\dfrac{2}{3} \div 1\dfrac{2}{9}$

② $1\dfrac{1}{3} \div 2\dfrac{2}{5}$

③ $2\dfrac{5}{8} \div 1\dfrac{5}{6}$

④ $2\dfrac{3}{4} \div 2\dfrac{1}{6}$

⑤ $1\dfrac{3}{5} \div 1\dfrac{3}{7}$

⑥ $1\dfrac{1}{9} \div 1\dfrac{7}{8}$

4 黄色いテープが $2\dfrac{5}{8}$ mあります。これは赤いテープの $1\dfrac{1}{5}$ 倍の長さです。赤いテープの長さは何mありますか。 〔4点〕

（黄色いテープの長さ）÷ $1\dfrac{1}{5}$ ＝（赤いテープの長さ）

式

答え（　　　　　）

51 帯分数÷帯分数 (約分2回)

例

$$1\frac{2}{3} \div 1\frac{1}{9} = \frac{5}{3} \div \frac{10}{9}$$

$$= \frac{5}{3} \times \frac{9}{10}$$

$$= \frac{\overset{1}{5} \times \overset{3}{9}}{\underset{1}{3} \times \underset{2}{10}}$$

$$= \frac{3}{2} = 1\frac{1}{2}$$

帯分数は仮分数に
なおして計算する
よ。

1 次の計算をしましょう。　　　　　　　　　　　　〔1問　8点〕

①　$1\frac{1}{9} \div 1\frac{1}{3}$

②　$1\frac{1}{6} \div 2\frac{5}{8}$

2 次の計算をしましょう。　　　　　　　　　　　　〔1問　8点〕

①　$1\frac{7}{8} \div 1\frac{1}{4}$

②　$1\frac{5}{7} \div 1\frac{1}{14}$

③　$2\frac{3}{4} \div 1\frac{5}{6}$

④　$2\frac{1}{3} \div 1\frac{5}{9}$

3 次の計算をしましょう。 〔1問 8点〕

① $1\dfrac{1}{3} \div 1\dfrac{5}{9}$

② $1\dfrac{1}{8} \div 2\dfrac{1}{4}$

③ $2\dfrac{4}{5} \div 1\dfrac{1}{5}$

④ $3\dfrac{1}{9} \div 1\dfrac{1}{6}$

⑤ $2\dfrac{1}{12} \div 3\dfrac{1}{8}$

⑥ $2\dfrac{5}{8} \div 1\dfrac{5}{16}$

4 $3\dfrac{3}{4}$ m²の畑に $1\dfrac{1}{2}$ dLの肥料をまきました。肥料 1 dLで，何 m²の畑にまいたことになりますか。 (肥料をまいた面積)÷$1\dfrac{1}{2}$〔dL〕=(肥料1dLでまいた面積)〔4点〕

式

答え (   )

52 まとめの練習

1 次の計算をしましょう。 〔1問 4点〕

① $\dfrac{3}{4} \div \dfrac{4}{7}$

② $\dfrac{5}{8} \div \dfrac{7}{10}$

③ $\dfrac{7}{6} \div \dfrac{3}{7}$

④ $\dfrac{3}{2} \div \dfrac{6}{5}$

2 次の計算をしましょう。 〔1問 4点〕

① $3 \div \dfrac{4}{5}$

② $2 \div \dfrac{6}{7}$

③ $8 \div \dfrac{4}{3}$

④ $9 \div 1\dfrac{1}{6}$

3 次の計算をしましょう。 〔1問 4点〕

① $1\dfrac{1}{3} \div \dfrac{5}{7}$

② $\dfrac{5}{6} \div 2\dfrac{1}{2}$

③ $1\dfrac{1}{5} \div 2\dfrac{3}{4}$

④ $2\dfrac{2}{3} \div 3\dfrac{5}{9}$

4 次の計算をしましょう。 〔1問 6点〕

① $\dfrac{7}{9} \div \dfrac{4}{15}$

② $1\dfrac{5}{8} \div \dfrac{5}{6}$

③ $\dfrac{9}{8} \div \dfrac{12}{5}$

④ $1\dfrac{2}{3} \div 1\dfrac{1}{4}$

⑤ $10 \div 2\dfrac{4}{5}$

⑥ $\dfrac{5}{7} \div \dfrac{3}{4}$

⑦ $2\dfrac{4}{9} \div 1\dfrac{5}{6}$

⑧ $\dfrac{8}{7} \div 10$

5 リボンが $2\dfrac{2}{3}$ m あります。1本が $\dfrac{4}{9}$ m のリボンを何本切り取ることができますか。

（全体の長さ）÷（1本の長さ）で求められます。〔4点〕

[式]

答え（ 　　　　　　　　　 ）

53 分数のかけ算とわり算のまとめ

得点

点

1 次の計算をしましょう。 〔1問 5点〕

① $\dfrac{3}{7} \times \dfrac{2}{9}$

② $\dfrac{8}{15} \times \dfrac{3}{4}$

③ $\dfrac{11}{9} \times \dfrac{12}{5}$

④ $4 \times \dfrac{1}{6}$

⑤ $1\dfrac{4}{5} \times \dfrac{5}{6}$

⑥ $2\dfrac{1}{3} \times 1\dfrac{2}{7}$

2 次の計算をしましょう。 〔1問 5点〕

① $\dfrac{2}{3} \div \dfrac{3}{8}$

② $\dfrac{7}{12} \div \dfrac{14}{15}$

③ $\dfrac{1}{6} \div \dfrac{4}{9}$

④ $8 \div \dfrac{2}{3}$

⑤ $2\dfrac{1}{7} \div \dfrac{5}{8}$

⑥ $1\dfrac{5}{6} \div 2\dfrac{3}{4}$

3 次の計算をしましょう。 〔1問 4点〕

① $\dfrac{5}{12} \times \dfrac{3}{10}$　　　　② $\dfrac{3}{8} \div \dfrac{5}{4}$

③ $1\dfrac{4}{5} \times 2\dfrac{2}{3}$　　　　④ $15 \div \dfrac{6}{7}$

⑤ $9 \times \dfrac{7}{6}$　　　　⑥ $2\dfrac{1}{4} \div 1\dfrac{1}{5}$

⑦ $\dfrac{8}{21} \times 1\dfrac{3}{4}$　　　　⑧ $\dfrac{5}{9} \div \dfrac{2}{15}$

4 1dLのペンキで $1\dfrac{1}{9}$ m²の板をぬることができます。このペンキ $\dfrac{2}{3}$ dLでは，

何m²の板をぬることができますか。 〔8点〕
(1dLでぬれる面積)×(ペンキの量)〔dL〕＝(ぬれる面積)

式

答え (　　　　　　　)

例

$$\frac{3}{4} \times 5 \times \frac{2}{9} = \frac{\overset{1}{3} \times 5 \times \overset{1}{2}}{\underset{2}{4} \times 1 \times \underset{3}{9}}$$

$$= \frac{5}{6}$$

5は$\frac{5}{1}$と考えて
計算するよ。

1 次の計算をしましょう。　　　　　　　　　　　〔1問　4点〕

① $\frac{4}{7} \times \frac{5}{6} \times \frac{1}{5}$

② $\frac{8}{9} \times \frac{1}{7} \times \frac{3}{4}$

③ $\frac{3}{8} \times 2 \times \frac{5}{6}$

④ $\frac{3}{5} \times \frac{5}{12} \times 4$

⑤ $\frac{2}{7} \times \frac{3}{8} \times \frac{7}{9}$

⑥ $\frac{5}{6} \times \frac{4}{5} \times \frac{9}{16}$

2 次の計算をしましょう。　　　　　　　　　　　〔1問　4点〕

① $\frac{3}{5} \times \frac{1}{4} \times 1\frac{1}{3}$

② $\frac{3}{4} \times 1\frac{1}{15} \times \frac{1}{8}$

③ $\frac{3}{10} \times 7 \times 1\frac{1}{14}$

④ $1\frac{1}{5} \times \frac{2}{3} \times \frac{5}{9}$

3 次の計算をしましょう。 〔1問 5点〕

① $\dfrac{3}{5} \times \dfrac{4}{9} \times \dfrac{5}{8}$

② $1\dfrac{1}{4} \times \dfrac{3}{10} \times \dfrac{6}{7}$

③ $\dfrac{1}{6} \times 1\dfrac{2}{7} \times \dfrac{8}{9}$

④ $\dfrac{2}{9} \times 6 \times \dfrac{4}{7}$

⑤ $\dfrac{7}{8} \times \dfrac{4}{15} \times \dfrac{3}{14}$

⑥ $\dfrac{3}{11} \times 1\dfrac{5}{6} \times 8$

⑦ $2\dfrac{2}{5} \times \dfrac{1}{8} \times \dfrac{4}{21}$

⑧ $\dfrac{5}{12} \times \dfrac{9}{10} \times \dfrac{2}{3}$

⑨ $\dfrac{5}{9} \times \dfrac{3}{8} \times 12$

⑩ $\dfrac{6}{7} \times 10 \times 1\dfrac{5}{9}$

⑪ $1\dfrac{1}{2} \times \dfrac{4}{5} \times 1\dfrac{3}{7}$

⑫ $\dfrac{2}{7} \times 1\dfrac{1}{6} \times 2\dfrac{1}{4}$

◆3つの分数の計算

● × ▲ ÷ ■

例

$$\frac{5}{7} \times \frac{2}{3} \div \frac{2}{7} = \frac{5}{7} \times \frac{2}{3} \times \frac{7}{2}$$

$$= \frac{5 \times \overset{1}{2} \times \overset{1}{7}}{7 \times 3 \times \underset{1}{2}}$$

$$= \frac{5}{3} = 1\frac{2}{3}$$

$\frac{2}{7}$ の逆数は $\frac{7}{2}$ だね。分数のわり算やかけ算の混じった式は，逆数を使うと，かけ算だけの式になるよ。

1 次の計算をしましょう。　〔1問　5点〕

① $\frac{4}{9} \times \frac{5}{8} \div \frac{1}{3}$

② $\frac{2}{3} \times \frac{1}{7} \div \frac{2}{9}$

③ $\frac{5}{6} \times 8 \div \frac{5}{7}$

④ $\frac{3}{4} \times \frac{2}{5} \div 9$

2 次の計算をしましょう。　〔1問　5点〕

① $\frac{4}{7} \times \frac{1}{6} \div 1\frac{2}{7}$

② $1\frac{1}{8} \times \frac{2}{5} \div \frac{3}{4}$

③ $\frac{7}{12} \times 10 \div 1\frac{2}{3}$

④ $\frac{6}{7} \times 1\frac{2}{3} \div 8$

次の計算をしましょう。　　　　　　　　　　　　　〔1問　6点〕

① $\dfrac{4}{5} \times \dfrac{1}{2} \div \dfrac{8}{15}$

② $1\dfrac{1}{4} \times \dfrac{2}{15} \div \dfrac{1}{3}$

③ $\dfrac{3}{7} \times 2\dfrac{5}{8} \div \dfrac{3}{4}$

④ $\dfrac{7}{8} \times 1\dfrac{1}{5} \div 14$

⑤ $\dfrac{8}{9} \times 6 \div \dfrac{4}{7}$

⑥ $5 \times 1\dfrac{2}{3} \div 1\dfrac{1}{9}$

⑦ $2\dfrac{2}{5} \times \dfrac{1}{6} \div 10$

⑧ $\dfrac{1}{3} \times \dfrac{5}{6} \div \dfrac{4}{15}$

⑨ $\dfrac{3}{4} \times \dfrac{8}{11} \div 12$

⑩ $1\dfrac{1}{6} \times \dfrac{3}{10} \div 1\dfrac{2}{5}$

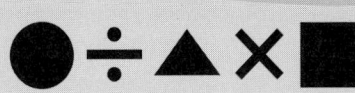

56 ●÷▲×■

例

$$\frac{4}{5} \div \frac{2}{7} \times \frac{5}{9} = \frac{4}{5} \times \frac{7}{2} \times \frac{5}{9}$$

$$= \frac{\overset{2}{4} \times 7 \times \overset{1}{5}}{5 \times 2 \times 9}$$

$$= \frac{14}{9} = 1\frac{5}{9}$$

分数のわり算やかけ算の混じった式は，逆数を使うと，かけ算だけの式になるよ。

1 次の計算をしましょう。　　　　　　　　　　　〔1問　5点〕

① $\dfrac{3}{8} \div \dfrac{5}{6} \times \dfrac{1}{3}$　　　　　② $\dfrac{4}{9} \div \dfrac{2}{5} \times \dfrac{3}{7}$

③ $\dfrac{3}{4} \div \dfrac{5}{7} \times 10$　　　　　④ $\dfrac{3}{5} \div 9 \times \dfrac{5}{8}$

2 次の計算をしましょう。　　　　　　　　　　　〔1問　5点〕

① $\dfrac{1}{6} \div \dfrac{5}{8} \times 1\dfrac{2}{3}$　　　　　② $\dfrac{3}{14} \div 1\dfrac{1}{7} \times \dfrac{1}{6}$

③ $1\dfrac{1}{5} \div 2 \times \dfrac{4}{9}$　　　　　④ $\dfrac{3}{5} \div 1\dfrac{1}{8} \times 4$

3 次の計算をしましょう。 〔1問 6点〕

① $\dfrac{2}{3} \div \dfrac{7}{9} \times 14$

② $1\dfrac{1}{4} \div \dfrac{5}{6} \times \dfrac{1}{5}$

③ $\dfrac{3}{5} \div 7 \times 1\dfrac{5}{9}$

④ $\dfrac{4}{9} \div \dfrac{3}{4} \times \dfrac{3}{8}$

⑤ $1\dfrac{1}{4} \div 1\dfrac{1}{9} \times \dfrac{2}{3}$

⑥ $\dfrac{3}{5} \div 6 \times \dfrac{2}{3}$

⑦ $\dfrac{2}{5} \div 2\dfrac{1}{7} \times \dfrac{3}{4}$

⑧ $3 \div \dfrac{1}{8} \times \dfrac{5}{12}$

⑨ $\dfrac{5}{21} \div \dfrac{4}{7} \times \dfrac{3}{10}$

⑩ $2\dfrac{2}{3} \div 1\dfrac{3}{5} \times 6$

57 ◆3つの分数の計算

● ÷ ▲ ÷ ■

得点

点

例

$$\frac{2}{7} \div \frac{5}{9} \div \frac{3}{5} = \frac{2}{7} \times \frac{9}{5} \times \frac{5}{3}$$

$$= \frac{2 \times \overset{3}{9} \times \overset{1}{5}}{7 \times \underset{1}{5} \times \underset{1}{3}}$$

$$= \frac{6}{7}$$

約分できるときは,
とちゅうで約分し
てから計算すると
かんたんだよ。

1 次の計算をしましょう。　　　　　　　　　　　　〔1問　5点〕

①　$\dfrac{1}{3} \div \dfrac{2}{5} \div \dfrac{5}{6}$

②　$\dfrac{3}{4} \div \dfrac{1}{8} \div \dfrac{6}{7}$

③　$\dfrac{4}{9} \div \dfrac{2}{7} \div 3$

④　$\dfrac{3}{8} \div 9 \div \dfrac{1}{4}$

2 次の計算をしましょう。　　　　　　　　　　　　〔1問　5点〕

①　$\dfrac{1}{6} \div \dfrac{3}{5} \div 1\dfrac{1}{9}$

②　$\dfrac{4}{5} \div 1\dfrac{1}{3} \div \dfrac{1}{2}$

③　$1\dfrac{3}{4} \div \dfrac{7}{9} \div 3$

④　$\dfrac{6}{7} \div 2 \div 1\dfrac{1}{5}$

3 次の計算をしましょう。 〔1問 6点〕

① $\dfrac{4}{7} \div \dfrac{2}{9} \div \dfrac{3}{5}$

② $1\dfrac{1}{6} \div \dfrac{1}{3} \div \dfrac{7}{8}$

③ $5 \div 1\dfrac{1}{8} \div \dfrac{5}{12}$

④ $\dfrac{2}{5} \div 8 \div \dfrac{3}{10}$

⑤ $\dfrac{5}{8} \div \dfrac{1}{4} \div 15$

⑥ $\dfrac{5}{6} \div 2\dfrac{1}{2} \div \dfrac{4}{7}$

⑦ $\dfrac{5}{8} \div 1\dfrac{2}{3} \div 1\dfrac{2}{7}$

⑧ $\dfrac{4}{9} \div \dfrac{5}{7} \div \dfrac{2}{3}$

⑨ $4 \div 3\dfrac{1}{3} \div 9$

⑩ $1\dfrac{1}{5} \div \dfrac{4}{7} \div 2\dfrac{1}{4}$

58 まとめの練習

得点

点

1 次の計算をしましょう。　　　　　　　　　　　　　〔1問　5点〕

① $\dfrac{5}{8} \times \dfrac{1}{5} \times \dfrac{2}{3}$

② $\dfrac{4}{9} \times 12 \times \dfrac{7}{8}$

③ $1\dfrac{1}{5} \times \dfrac{2}{9} \times 3$

④ $\dfrac{3}{4} \times \dfrac{1}{15} \times 1\dfrac{5}{7}$

2 次の計算をしましょう。　　　　　　　　　　　　　〔1問　5点〕

① $\dfrac{5}{6} \times \dfrac{3}{7} \div \dfrac{3}{8}$

② $2\dfrac{2}{3} \times \dfrac{1}{5} \div 1\dfrac{1}{3}$

3 次の計算をしましょう。　　　　　　　　　　　　　〔1問　5点〕

① $\dfrac{8}{9} \div 4 \times \dfrac{6}{7}$

② $\dfrac{3}{8} \div 1\dfrac{1}{4} \times \dfrac{5}{9}$

4 次の計算をしましょう。　　　　　　　　　　　　　〔1問　5点〕

① $\dfrac{3}{4} \div \dfrac{2}{5} \div \dfrac{9}{10}$

② $1\dfrac{1}{3} \div 2 \div 1\dfrac{1}{6}$

5 次の計算をしましょう。　　　　　　　　　　　　　　　　　　　〔1問　5点〕

① $\dfrac{4}{9} \times \dfrac{3}{5} \div 8$

② $\dfrac{5}{6} \div \dfrac{3}{7} \times \dfrac{9}{10}$

③ $1\dfrac{1}{7} \div \dfrac{3}{14} \div \dfrac{4}{5}$

④ $6 \times 2\dfrac{1}{7} \div 1\dfrac{1}{4}$

⑤ $\dfrac{2}{5} \times 1\dfrac{1}{14} \times 1\dfrac{1}{6}$

⑥ $\dfrac{7}{8} \div \dfrac{3}{4} \div 21$

⑦ $1\dfrac{3}{4} \div 14 \times 1\dfrac{1}{3}$

⑧ $\dfrac{5}{12} \times 1\dfrac{1}{2} \div 1\dfrac{2}{3}$

⑨ $\dfrac{3}{5} \div 1\dfrac{1}{15} \div 2\dfrac{1}{4}$

⑩ $1\dfrac{7}{8} \times 6 \times \dfrac{3}{10}$

◆( )を使った分数の計算
●×(▲＋■)

例

$$\frac{1}{5} \times \left(\frac{1}{2} + \frac{1}{4}\right) = \frac{1}{5} \times \left(\frac{2}{4} + \frac{1}{4}\right)$$

$$= \frac{1}{5} \times \frac{3}{4}$$

$$= \frac{1 \times 3}{5 \times 4} = \frac{3}{20}$$

かっこの中を先に
計算するよ。

1 次の計算をしましょう。　　　　　　　　　〔1問　10点〕

① $\dfrac{1}{3} \times \left(\dfrac{1}{6} + \dfrac{1}{4}\right)$

② $\dfrac{1}{4} \times \left(1\dfrac{1}{2} + \dfrac{1}{6}\right)$

③ $\dfrac{3}{4} \times \left(\dfrac{2}{7} + \dfrac{2}{3}\right)$

④ $1\dfrac{2}{3} \times \left(\dfrac{3}{4} + \dfrac{2}{5}\right)$

⑤ $2 \times \left(\dfrac{1}{2} + \dfrac{1}{3}\right)$

⑥ $\dfrac{3}{8} \times \left(\dfrac{2}{3} + 1\dfrac{1}{9}\right)$

⑦ $\dfrac{4}{5} \times \left(\dfrac{3}{8} + \dfrac{1}{6}\right)$

⑧ $6 \times \left(1\dfrac{1}{4} + 1\dfrac{3}{8}\right)$

⑨ $\dfrac{6}{7} \times \left(\dfrac{3}{4} + \dfrac{2}{9}\right)$

⑩ $1\dfrac{1}{4} \times \left(1\dfrac{1}{5} + \dfrac{2}{3}\right)$

●×（▲－■）

得点

点

例

$$\frac{2}{3}\times\left(\frac{1}{4}-\frac{1}{6}\right)=\frac{2}{3}\times\left(\frac{3}{12}-\frac{2}{12}\right)$$

$$=\frac{2}{3}\times\frac{1}{12}$$

$$=\frac{2\times\overset{1}{1}}{3\times\underset{6}{12}}=\frac{1}{18}$$

かっこの中を先に
計算するよ。

1 次の計算をしましょう。　　　　　　　　　　〔1問　10点〕

① $\dfrac{3}{5}\times\left(\dfrac{1}{3}-\dfrac{1}{4}\right)$

② $\dfrac{2}{7}\times\left(1\dfrac{1}{6}-\dfrac{2}{3}\right)$

③ $\dfrac{1}{6}\times\left(\dfrac{3}{4}-\dfrac{3}{8}\right)$

④ $1\dfrac{1}{9}\times\left(\dfrac{3}{5}-\dfrac{1}{4}\right)$

⑤ $4\times\left(\dfrac{5}{9}-\dfrac{1}{2}\right)$

⑥ $1\dfrac{1}{3}\times\left(\dfrac{4}{7}-\dfrac{1}{4}\right)$

⑦ $\dfrac{3}{8}\times\left(\dfrac{4}{5}-\dfrac{2}{3}\right)$

⑧ $12\times\left(1\dfrac{1}{8}-\dfrac{5}{6}\right)$

⑨ $\dfrac{2}{9}\times\left(\dfrac{7}{12}-\dfrac{1}{3}\right)$

⑩ $\dfrac{6}{7}\times\left(2\dfrac{1}{3}-1\dfrac{3}{4}\right)$

61 (●+▲)×■

例

$$\left(\frac{1}{2}+\frac{1}{3}\right)\times\frac{2}{5}=\left(\frac{3}{6}+\frac{2}{6}\right)\times\frac{2}{5}$$

$$=\frac{5}{6}\times\frac{2}{5}$$

$$=\frac{\overset{1}{5}\times\overset{1}{2}}{\underset{3}{6}\times\underset{1}{5}}=\frac{1}{3}$$

かっこの中を先に
計算するよ。

1 次の計算をしましょう。　　　　　　　　　　〔1問　10点〕

① $\left(\dfrac{1}{4}+\dfrac{1}{2}\right)\times\dfrac{5}{6}$

② $\left(1\dfrac{1}{5}+\dfrac{2}{3}\right)\times\dfrac{5}{7}$

③ $\left(\dfrac{3}{8}+\dfrac{1}{3}\right)\times\dfrac{6}{7}$

④ $\left(\dfrac{1}{2}+\dfrac{1}{7}\right)\times1\dfrac{1}{3}$

⑤ $\left(\dfrac{1}{6}+\dfrac{3}{4}\right)\times8$

⑥ $\left(\dfrac{3}{4}+1\dfrac{1}{8}\right)\times\dfrac{4}{5}$

⑦ $\left(\dfrac{1}{2}+\dfrac{2}{9}\right)\times\dfrac{9}{10}$

⑧ $\left(1\dfrac{1}{3}+1\dfrac{1}{9}\right)\times6$

⑨ $\left(\dfrac{2}{7}+\dfrac{2}{5}\right)\times\dfrac{5}{12}$

⑩ $\left(1\dfrac{1}{3}+\dfrac{3}{4}\right)\times1\dfrac{3}{5}$

62 （●－▲）×■

例

$$\left(\frac{5}{6}-\frac{2}{3}\right)\times\frac{2}{5}=\left(\frac{5}{6}-\frac{4}{6}\right)\times\frac{2}{5}$$

$$=\frac{1}{6}\times\frac{2}{5}$$

$$=\frac{1\times\overset{1}{2}}{\underset{3}{6}\times5}=\frac{1}{15}$$

かっこの中を先に
計算するよ。

1 次の計算をしましょう。　　　　　　　　　　　〔1問　10点〕

① $\left(\dfrac{1}{2}-\dfrac{1}{5}\right)\times\dfrac{2}{9}$　　　　　② $\left(1\dfrac{1}{5}-\dfrac{1}{2}\right)\times\dfrac{5}{7}$

③ $\left(\dfrac{7}{8}-\dfrac{3}{4}\right)\times\dfrac{4}{5}$　　　　　④ $\left(1\dfrac{1}{4}-\dfrac{2}{3}\right)\times1\dfrac{1}{5}$

⑤ $\left(\dfrac{5}{6}-\dfrac{4}{9}\right)\times3$　　　　　⑥ $\left(\dfrac{7}{9}-\dfrac{2}{3}\right)\times1\dfrac{2}{7}$

⑦ $\left(\dfrac{8}{15}-\dfrac{1}{3}\right)\times\dfrac{5}{7}$　　　　　⑧ $\left(2\dfrac{1}{6}-1\dfrac{4}{5}\right)\times15$

⑨ $\left(\dfrac{5}{7}-\dfrac{1}{2}\right)\times\dfrac{4}{9}$　　　　　⑩ $\left(1\dfrac{1}{3}-\dfrac{3}{4}\right)\times\dfrac{3}{14}$

例

$$
\begin{aligned}
\frac{5}{9} \div \left(\frac{1}{6} + \frac{1}{4}\right) &= \frac{5}{9} \div \left(\frac{2}{12} + \frac{3}{12}\right) \\
&= \frac{5}{9} \div \frac{5}{12} \\
&= \frac{5}{9} \times \frac{12}{5} \\
&= \frac{\overset{1}{5} \times \overset{4}{12}}{\underset{3}{9} \times \underset{1}{5}} \\
&= \frac{4}{3} = 1\frac{1}{3}
\end{aligned}
$$

かっこの中を先に
計算するよ。

1 次の計算をしましょう。　　〔1問　20点〕

① $\dfrac{7}{8} \div \left(\dfrac{1}{3} + \dfrac{1}{4}\right)$

② $1\dfrac{3}{4} \div \left(\dfrac{1}{8} + \dfrac{1}{6}\right)$

③ $3 \div \left(\dfrac{4}{5} + \dfrac{1}{10}\right)$

④ $1\dfrac{5}{9} \div \left(1\dfrac{1}{2} + \dfrac{5}{6}\right)$

⑤ $1\dfrac{1}{5} \div \left(\dfrac{1}{12} + \dfrac{2}{3}\right)$

64

●÷(▲−■)

例

$$\frac{5}{6} \div \left(\frac{5}{9} - \frac{1}{3}\right) = \frac{5}{6} \div \left(\frac{5}{9} - \frac{3}{9}\right)$$

$$= \frac{5}{6} \div \frac{2}{9}$$

$$= \frac{5}{6} \times \frac{9}{2}$$

$$= \frac{5 \times \overset{3}{9}}{\underset{2}{6} \times 2}$$

$$= \frac{15}{4} = 3\frac{3}{4}$$

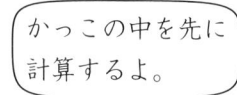

かっこの中を先に計算するよ。

1 次の計算をしましょう。　　　　　　　　　　　　〔1問　20点〕

① $\dfrac{3}{4} \div \left(\dfrac{7}{8} - \dfrac{1}{2}\right)$

② $\dfrac{5}{6} \div \left(1\dfrac{1}{4} - \dfrac{5}{9}\right)$

③ $\dfrac{5}{8} \div \left(\dfrac{2}{3} - \dfrac{1}{4}\right)$

④ $1\dfrac{1}{2} \div \left(1\dfrac{2}{3} - \dfrac{11}{12}\right)$

⑤ $\dfrac{7}{15} \div \left(1\dfrac{3}{20} - \dfrac{4}{5}\right)$

65 （●＋▲）÷■

例

$$\left(\frac{1}{3}+\frac{3}{5}\right)\div\frac{7}{9}=\left(\frac{5}{15}+\frac{9}{15}\right)\div\frac{7}{9}$$

$$=\frac{14}{15}\div\frac{7}{9}$$

$$=\frac{14}{15}\times\frac{9}{7}$$

$$=\frac{\overset{2}{14}\times\overset{3}{9}}{\underset{5}{15}\times\underset{1}{7}}$$

$$=\frac{6}{5}=1\frac{1}{5}$$

かっこの中を先に
計算するよ。

1 次の計算をしましょう。　〔1問　20点〕

① $\left(\frac{1}{2}+\frac{1}{3}\right)\div\frac{3}{4}$

② $\left(1\frac{1}{15}+\frac{2}{5}\right)\div\frac{4}{9}$

③ $\left(\frac{3}{5}+\frac{3}{10}\right)\div\frac{6}{7}$

④ $\left(\frac{4}{9}+1\frac{1}{12}\right)\div5$

⑤ $\left(\frac{2}{3}+1\frac{3}{8}\right)\div\frac{7}{12}$

例

$$\left(\frac{3}{4} - \frac{2}{3}\right) \div \frac{3}{8} = \left(\frac{9}{12} - \frac{8}{12}\right) \div \frac{3}{8}$$

$$= \frac{1}{12} \div \frac{3}{8}$$

$$= \frac{1}{12} \times \frac{8}{3}$$

$$= \frac{1 \times \overset{2}{8}}{\underset{3}{12} \times 3}$$

$$= \frac{2}{9}$$

かっこの中を先に
計算するよ。

1 次の計算をしましょう。 〔1問 20点〕

① $\left(\dfrac{1}{3} - \dfrac{1}{5}\right) \div \dfrac{3}{5}$

② $\left(1\dfrac{1}{4} - \dfrac{2}{3}\right) \div \dfrac{7}{8}$

③ $\left(\dfrac{8}{9} - \dfrac{2}{3}\right) \div 4$

④ $\left(\dfrac{5}{6} - \dfrac{5}{8}\right) \div 1\dfrac{3}{8}$

⑤ $\left(1\dfrac{1}{2} - \dfrac{5}{6}\right) \div 1\dfrac{1}{9}$

67 まとめの練習

1 次の計算をしましょう。　　　　　　　　　　　　　　　〔1問　5点〕

① $\dfrac{4}{9} \times \left(\dfrac{1}{4} + \dfrac{2}{3} \right)$

② $\dfrac{2}{3} \times \left(\dfrac{7}{8} - \dfrac{1}{4} \right)$

③ $\dfrac{3}{4} \times \left(2\dfrac{1}{2} + \dfrac{5}{6} \right)$

④ $\left(\dfrac{14}{15} - \dfrac{2}{3} \right) \times \dfrac{3}{8}$

⑤ $\left(1\dfrac{1}{3} + \dfrac{1}{8} \right) \times 1\dfrac{1}{7}$

⑥ $\left(1\dfrac{3}{10} - \dfrac{2}{5} \right) \times 1\dfrac{5}{9}$

2 次の計算をしましょう。　　　　　　　　　　　　　　　〔1問　5点〕

① $\dfrac{5}{12} \div \left(\dfrac{1}{8} + \dfrac{5}{6} \right)$

② $\dfrac{7}{10} \div \left(1\dfrac{4}{5} - \dfrac{3}{4} \right)$

③ $\left(1\dfrac{1}{2} + \dfrac{2}{7} \right) \div 10$

④ $\left(1\dfrac{5}{9} - \dfrac{2}{3} \right) \div 1\dfrac{1}{15}$

3 次の計算をしましょう。 〔1問 5点〕

① $\left(\dfrac{8}{9} - \dfrac{2}{3}\right) \div \dfrac{5}{6}$

② $\left(\dfrac{2}{15} + \dfrac{4}{5}\right) \div \dfrac{7}{9}$

③ $\left(1\dfrac{1}{6} - \dfrac{7}{10}\right) \times 9$

④ $\dfrac{2}{3} \times \left(\dfrac{1}{7} + \dfrac{1}{2}\right)$

⑤ $\left(\dfrac{5}{6} + \dfrac{1}{2}\right) \div \dfrac{4}{9}$

⑥ $\left(1\dfrac{5}{12} - \dfrac{3}{8}\right) \div 3\dfrac{1}{3}$

⑦ $\left(1\dfrac{3}{4} - \dfrac{7}{16}\right) \times \dfrac{8}{15}$

⑧ $1\dfrac{2}{7} \times \left(1\dfrac{1}{4} - \dfrac{2}{3}\right)$

⑨ $\dfrac{3}{4} \div \left(1\dfrac{1}{6} - \dfrac{7}{24}\right)$

⑩ $\left(1\dfrac{1}{9} + \dfrac{5}{12}\right) \times 1\dfrac{4}{5}$

◆四則の混じった分数の計算

●＋▲×■

例

$$\frac{1}{6}+\frac{3}{4}\times\frac{1}{2}=\frac{1}{6}+\frac{3\times1}{4\times2}$$
$$=\frac{1}{6}+\frac{3}{8}=\frac{4}{24}+\frac{9}{24}$$
$$=\frac{13}{24}$$

たし算とかけ算の混じった計算は，かけ算を先にするよ。

1 次の計算をしましょう。 〔1問 10点〕

① $\dfrac{1}{4}+\dfrac{3}{5}\times\dfrac{1}{2}$

② $\dfrac{2}{3}+\dfrac{5}{6}\times1\dfrac{2}{5}$

③ $\dfrac{1}{3}+\dfrac{4}{9}\times\dfrac{3}{7}$

④ $\dfrac{3}{4}+1\dfrac{1}{8}\times\dfrac{5}{6}$

⑤ $1\dfrac{1}{3}+\dfrac{7}{12}\times\dfrac{4}{5}$

⑥ $\dfrac{1}{2}+\dfrac{1}{4}\times1\dfrac{1}{7}$

⑦ $\dfrac{5}{6}+\dfrac{3}{8}\times2$

⑧ $1\dfrac{2}{3}+1\dfrac{7}{8}\times\dfrac{2}{9}$

⑨ $1\dfrac{3}{8}+\dfrac{9}{14}\times\dfrac{7}{12}$

⑩ $2\dfrac{1}{5}+1\dfrac{4}{7}\times1\dfrac{3}{11}$

◆四則の混じった分数の計算

●－▲×■

得点

点

例

$$\frac{5}{6} - \frac{2}{3} \times \frac{1}{2} = \frac{5}{6} - \frac{\overset{1}{2} \times 1}{3 \times \underset{1}{2}}$$

$$= \frac{5}{6} - \frac{1}{3} = \frac{5}{6} - \frac{2}{6}$$

$$= \frac{\overset{1}{3}}{\underset{2}{6}} = \frac{1}{2}$$

ひき算とかけ算の混じった計算は，かけ算を先にするよ。

1 次の計算をしましょう。　　　　　　　　　〔1問　10点〕

① $\frac{3}{10} - \frac{3}{5} \times \frac{1}{4}$

② $1\frac{1}{12} - 1\frac{1}{3} \times \frac{5}{8}$

③ $2 - \frac{6}{7} \times \frac{2}{3}$

④ $\frac{5}{6} - \frac{1}{4} \times 1\frac{3}{5}$

⑤ $2\frac{7}{8} - \frac{4}{9} \times 6$

⑥ $3 - 1\frac{2}{7} \times 1\frac{1}{6}$

⑦ $1\frac{1}{6} - \frac{4}{5} \times \frac{7}{12}$

⑧ $2\frac{1}{3} - 1\frac{1}{9} \times \frac{7}{10}$

⑨ $\frac{1}{4} - \frac{3}{8} \times \frac{2}{9}$

⑩ $1\frac{2}{5} - 2\frac{1}{2} \times \frac{4}{15}$

◆四則の混じった分数の計算

●＋▲÷■

例

$$\frac{1}{6}+\frac{2}{3}\div\frac{2}{5}=\frac{1}{6}+\frac{2}{3}\times\frac{5}{2}$$

$$=\frac{1}{6}+\frac{\overset{1}{2}\times5}{3\times\underset{1}{2}}$$

$$=\frac{1}{6}+\frac{5}{3}=\frac{1}{6}+\frac{10}{6}$$

$$=\frac{11}{6}=1\frac{5}{6}$$

たし算とわり算の
混じった計算では，
わり算を先に計算
するよ。

1 次の計算をしましょう。　　　　　　　　　〔1問　20点〕

① $\dfrac{1}{4}+\dfrac{3}{8}\div\dfrac{6}{7}$

② $\dfrac{5}{6}+\dfrac{4}{5}\div1\dfrac{1}{3}$

③ $1\dfrac{1}{5}+\dfrac{5}{9}\div\dfrac{5}{6}$

④ $\dfrac{1}{2}+3\div1\dfrac{1}{8}$

⑤ $\dfrac{3}{4}+1\dfrac{1}{15}\div2\dfrac{2}{3}$

●ー▲÷■

例

$$\frac{9}{10} - \frac{5}{8} \div \frac{3}{4} = \frac{9}{10} - \frac{5}{8} \times \frac{4}{3}$$

$$= \frac{9}{10} - \frac{5 \times \overset{1}{4}}{\underset{2}{8} \times 3}$$

$$= \frac{9}{10} - \frac{5}{6}$$

$$= \frac{27}{30} - \frac{25}{30} = \frac{\overset{1}{2}}{\underset{15}{30}} = \frac{1}{15}$$

ひき算とわり算の 混じった計算では, わり算を先に計算 するよ。

1 次の計算をしましょう。　〔1問　20点〕

① $\frac{5}{6} - \frac{3}{8} \div \frac{3}{5}$

② $\frac{2}{3} - \frac{8}{9} \div 4$

③ $1\frac{1}{4} - \frac{5}{9} \div \frac{2}{3}$

④ $\frac{1}{2} - \frac{4}{7} \div 1\frac{3}{5}$

⑤ $2\frac{1}{3} - 1\frac{1}{6} \div 1\frac{5}{9}$

◆四則の混じった分数の計算

●(×, ÷)▲＋■(×, ÷)◆

例

$$\frac{2}{5} \times \frac{1}{4} + \frac{1}{3} \div \frac{5}{9} = \frac{2}{5} \times \frac{1}{4} + \frac{1}{3} \times \frac{9}{5}$$

$$= \frac{\overset{1}{2} \times 1}{5 \times \underset{2}{4}} + \frac{1 \times \overset{3}{9}}{3 \times 5}$$

$$= \frac{1}{10} + \frac{3}{5}$$

$$= \frac{1}{10} + \frac{6}{10} = \frac{7}{10}$$

たし算とかけ算,
わり算の混じった
計算は, かけ算や
わり算を先に計算
するよ。

1 次の計算をしましょう。　　　　　　　　　　　〔1問　20点〕

① $\dfrac{4}{5} \times \dfrac{3}{8} + \dfrac{4}{5} \times \dfrac{1}{6}$

② $1\dfrac{1}{4} \times \dfrac{2}{3} + \dfrac{5}{6} \times \dfrac{2}{3}$

③ $\dfrac{7}{9} \times \dfrac{3}{14} + 1\dfrac{1}{3} \div \dfrac{4}{5}$

④ $\dfrac{7}{8} \div 1\dfrac{3}{4} + 1\dfrac{1}{6} \times \dfrac{2}{7}$

⑤ $3\dfrac{3}{7} \div 4 + \dfrac{5}{6} \div 1\dfrac{2}{3}$

●（×, ÷）▲ － ■（×, ÷）◆

例

$$\frac{3}{8} \div \frac{1}{4} - \frac{2}{5} \div \frac{4}{7} = \frac{3}{8} \times \frac{4}{1} - \frac{2}{5} \times \frac{7}{4}$$

$$= \frac{3 \times \overset{1}{4}}{\underset{2}{8} \times 1} - \frac{\overset{1}{2} \times 7}{5 \times \underset{2}{4}}$$

$$= \frac{3}{2} - \frac{7}{10} = \frac{15}{10} - \frac{7}{10}$$

$$= \frac{\overset{4}{8}}{\underset{5}{10}} = \frac{4}{5}$$

ひき算とかけ算,
わり算の混じった
計算は, かけ算や
わり算を先に計算
するよ。

1 次の計算をしましょう。　　　　　　　　　　　　　〔1問　20点〕

① $\dfrac{3}{4} \times \dfrac{2}{3} - \dfrac{3}{8} \times \dfrac{2}{3}$

② $1\dfrac{1}{8} \times \dfrac{5}{6} - 1\dfrac{1}{8} \times \dfrac{4}{9}$

③ $\dfrac{6}{7} \times \dfrac{3}{8} - \dfrac{1}{2} \div 1\dfrac{3}{4}$

④ $1\dfrac{1}{9} \div \dfrac{5}{6} - \dfrac{7}{8} \div 3$

⑤ $2\dfrac{1}{4} \div \dfrac{3}{5} - \dfrac{5}{6} \times \dfrac{4}{15}$

74 まとめの練習

1 次の計算をしましょう。　　　　　　　　　　　　　〔1問　5点〕

① $1\dfrac{1}{2} + \dfrac{3}{8} \times \dfrac{4}{7}$

② $\dfrac{2}{3} + 1\dfrac{1}{4} \times \dfrac{3}{10}$

③ $1\dfrac{1}{6} - \dfrac{4}{9} \times \dfrac{6}{7}$

④ $\dfrac{3}{4} - \dfrac{1}{12} \times 1\dfrac{4}{5}$

2 次の計算をしましょう。　　　　　　　　　　　　　〔1問　5点〕

① $\dfrac{1}{2} + \dfrac{7}{9} \div 1\dfrac{2}{5}$

② $2\dfrac{1}{8} - 1\dfrac{1}{7} \div \dfrac{16}{21}$

3 次の計算をしましょう。　　　　　　　　　　　　　〔1問　7点〕

① $\dfrac{5}{8} \times \dfrac{2}{3} + \dfrac{5}{8} \times 1\dfrac{1}{9}$

② $1\dfrac{1}{5} \times \dfrac{3}{4} - \dfrac{2}{9} \div 1\dfrac{1}{3}$

4 次の計算をしましょう。 〔1問 7点〕

① $\dfrac{2}{5} + 1\dfrac{1}{9} \div \dfrac{5}{12}$

② $1\dfrac{5}{6} - 2\dfrac{2}{3} \times \dfrac{1}{4}$

③ $1\dfrac{1}{4} + \dfrac{3}{5} \times 1\dfrac{3}{7}$

④ $\dfrac{7}{10} \times \dfrac{5}{8} - \dfrac{3}{14} \div 1\dfrac{1}{7}$

⑤ $2\dfrac{1}{2} - 1\dfrac{3}{8} \div 1\dfrac{1}{6}$

⑥ $4\dfrac{1}{5} \div 3 - 1\dfrac{1}{4} \times \dfrac{2}{5}$

⑦ $\dfrac{5}{6} \times 4 + \dfrac{7}{15} \times \dfrac{5}{14}$

⑧ $1\dfrac{3}{7} \div \dfrac{10}{11} - \dfrac{2}{9} \div \dfrac{7}{12}$

75 3つ以上の分数の計算のまとめ

得点

点

1 次の計算をしましょう。 〔1問 5点〕

① $\dfrac{4}{5} \times \dfrac{7}{8} \times \dfrac{5}{14}$

② $1\dfrac{1}{4} \div 1\dfrac{1}{2} \div 1\dfrac{1}{9}$

③ $\dfrac{5}{6} \div 1\dfrac{3}{7} \times \dfrac{4}{21}$

④ $\dfrac{8}{15} \times \dfrac{3}{4} \div 1\dfrac{1}{3}$

2 次の計算をしましょう。 〔1問 5点〕

① $1\dfrac{1}{15} \times \left(\dfrac{2}{3} + \dfrac{1}{6}\right)$

② $\dfrac{5}{6} \div \left(\dfrac{1}{8} + \dfrac{1}{2}\right)$

③ $\left(1\dfrac{2}{9} - \dfrac{3}{4}\right) \times \dfrac{4}{5}$

④ $\left(\dfrac{4}{7} - \dfrac{1}{3}\right) \div 1\dfrac{1}{14}$

3 次の計算をしましょう。 〔1問 5点〕

① $1\dfrac{1}{3} + \dfrac{6}{7} \times \dfrac{2}{9}$

② $1\dfrac{1}{4} - \dfrac{5}{8} \div 1\dfrac{2}{3}$

4 次の計算をしましょう。 〔1問 5点〕

① $\dfrac{5}{8} + \dfrac{4}{9} \div 2\dfrac{2}{3}$

② $\dfrac{2}{3} - 1\dfrac{1}{7} \times \dfrac{5}{12}$

③ $1\dfrac{1}{3} \times \dfrac{5}{12} \times 1\dfrac{4}{5}$

④ $1\dfrac{2}{7} \div 6 \div 1\dfrac{1}{2}$

⑤ $\dfrac{5}{6} + \dfrac{8}{15} \times 1\dfrac{1}{4}$

⑥ $\left(\dfrac{7}{8} - \dfrac{3}{4}\right) \div \dfrac{5}{6}$

⑦ $1\dfrac{2}{5} \times \dfrac{3}{14} \div 2\dfrac{1}{4}$

⑧ $\dfrac{9}{10} \times \left(\dfrac{2}{3} + \dfrac{2}{5}\right)$

⑨ $\dfrac{7}{9} \div 2\dfrac{1}{3} + \dfrac{4}{5} \times \dfrac{5}{6}$

⑩ $\dfrac{3}{8} \div \dfrac{1}{6} - \dfrac{6}{7} \times 1\dfrac{3}{4}$

76 分数と小数のかけ算

得点

点

例

$$0.2 \times \frac{5}{6} = \frac{1}{5} \times \frac{5}{6}$$

$$= \frac{1 \times \overset{1}{5}}{\underset{1}{5} \times 6}$$

$$= \frac{1}{6}$$

$0.2 = \frac{2}{10} = \frac{1}{5}$ だよ。
小数を分数になおして計算するよ。

1 小数を分数になおして計算しましょう。　　〔1問　6点〕

① $0.3 \times \dfrac{4}{9}$

② $\dfrac{6}{7} \times 0.25$

③ $0.45 \times \dfrac{5}{6}$

④ $\dfrac{7}{12} \times 0.8$

2 小数を分数になおして計算しましょう。　　〔1問　6点〕

① $1.4 \times \dfrac{5}{8}$

② $1\dfrac{1}{9} \times 1.5$

③ $0.24 \times 3\dfrac{1}{8}$

④ $1\dfrac{3}{7} \times 1.75$

3 小数を分数になおして計算しましょう。　　　　〔1問　6点〕

① $1.4 \times \dfrac{3}{7}$

② $1\dfrac{1}{4} \times 1.8$

③ $\dfrac{5}{6} \times 0.9$

④ $2.25 \times 1\dfrac{1}{3}$

⑤ $0.6 \times \dfrac{7}{12}$

⑥ $\dfrac{4}{9} \times 2.35$

⑦ $1\dfrac{3}{7} \times 0.07$

⑧ $0.15 \times 1\dfrac{1}{15}$

4 1mの重さが$\dfrac{5}{9}$kgの鉄のパイプがあります。この鉄のパイプ1.6mの重さは何kgですか。　　（鉄のパイプ1mの重さ）×（長さ）〔m〕＝（鉄のパイプの重さ）〔4点〕

〔式〕

答え（　　　　　　　）

77 分数と小数のわり算

例

$$0.6 \div \frac{2}{3} = \frac{3}{5} \div \frac{2}{3}$$

$$= \frac{3}{5} \times \frac{3}{2}$$

$$= \frac{3 \times 3}{5 \times 2} = \frac{9}{10}$$

$0.6 = \frac{3}{5}$ だよ。
小数を分数になお
して計算するよ。

1 小数を分数になおして計算しましょう。　　　〔1問　6点〕

① $0.4 \div \frac{6}{7}$

② $\frac{3}{5} \div 0.9$

③ $0.25 \div \frac{3}{8}$

④ $\frac{7}{12} \div 0.5$

2 小数を分数になおして計算しましょう。　　　〔1問　6点〕

① $1.3 \div 1\frac{1}{6}$

② $\frac{3}{4} \div 1.75$

③ $0.8 \div 2\frac{2}{5}$

④ $1\frac{1}{8} \div 0.45$

3 小数を分数になおして計算しましょう。　　　　　　　　〔1問　6点〕

① $1\dfrac{6}{7} \div 0.65$

② $1.2 \div \dfrac{8}{15}$

③ $0.7 \div 2\dfrac{4}{5}$

④ $\dfrac{5}{8} \div 1.5$

⑤ $1\dfrac{4}{5} \div 2.25$

⑥ $0.75 \div \dfrac{9}{16}$

⑦ $1.45 \div 1\dfrac{3}{10}$

⑧ $1\dfrac{1}{15} \div 0.8$

4 ジュースが1.2Lあります。これは牛にゅうの量の$\dfrac{4}{5}$倍にあたります。牛にゅうは何Lありますか。分数で答えましょう。　　　　　　〔4点〕

(ジュースの量)$\div \dfrac{4}{5} =$(牛にゅうの量)

式

答え（　　　　　　　　　）

78 まとめの練習

得点

点

1 小数を分数になおして計算しましょう。 〔1問 7点〕

① $1.3 \times \dfrac{5}{9}$

② $\dfrac{1}{6} \times 0.6$

③ $0.4 \times \dfrac{7}{12}$

④ $\dfrac{2}{3} \times 2.25$

2 小数を分数になおして計算しましょう。 〔1問 7点〕

① $0.8 \div \dfrac{2}{3}$

② $\dfrac{7}{16} \div 1.25$

③ $1.5 \div 1\dfrac{7}{8}$

④ $1\dfrac{1}{6} \div 0.35$

3 ひかりさんは，家からおばさんの家まで，時速3.9kmで歩いて $1\dfrac{2}{3}$ 時間かかりました。ひかりさんの家からおばさんの家までの道のりは何kmですか。分数で答えましょう。 (速さ)×(時間)＝(道のり)〔2点〕

式

答え（　　　　　　　）

4 小数を分数になおして計算しましょう。 〔1問 7点〕

① $0.8 \times \dfrac{5}{6}$

② $2\dfrac{1}{4} \div 0.9$

③ $3.75 \times \dfrac{2}{5}$

④ $0.55 \div 1\dfrac{5}{6}$

⑤ $2\dfrac{1}{7} \times 0.35$

⑥ $1.4 \div 1\dfrac{3}{4}$

～ひとやすみ～

◆まほうじん

　右のようなものをまほうじんといって，たて，横，ななめの数のそれぞれの合計が，すべて同じ数になります。

　このまほうじんでは，たて，横，ななめのそれぞれの合計が34になります。あいているところに数を入れて，まほうじんを完成させましょう。

　使う数は，1～8までの8つで，それぞれ1つずつ使います。 （答えは別冊の16ページ）

	14	15	
9			12
	11	10	
16			13

答えは2つあるよ。

79

●×▲×■

例

$$\frac{5}{6} \times \frac{1}{2} \times 0.8 = \frac{5}{6} \times \frac{1}{2} \times \frac{4}{5}$$

$$= \frac{\overset{1}{\cancel{5}} \times 1 \times \overset{2}{\cancel{4}}}{\underset{3}{\cancel{6}} \times \underset{1}{\cancel{2}} \times \underset{1}{\cancel{5}}}$$

$$= \frac{1}{3}$$

$0.8 = \frac{4}{5}$だよ。
小数を分数になおして計算するよ。

1 小数を分数になおして計算しましょう。　〔1問　20点〕

① $0.6 \times \frac{5}{12} \times \frac{4}{7}$

② $\frac{2}{3} \times \frac{5}{9} \times 1.2$

③ $1\frac{1}{15} \times 0.75 \times \frac{1}{2}$

④ $5 \times \frac{2}{9} \times 0.3$

⑤ $1\frac{1}{3} \times \frac{5}{8} \times 1.5$

● × ▲ ÷ ■

得点

点

例

$$\frac{3}{4} \times \frac{2}{5} \div 0.2 = \frac{3}{4} \times \frac{2}{5} \div \frac{1}{5}$$

$$= \frac{3}{4} \times \frac{2}{5} \times \frac{5}{1}$$

$$= \frac{3 \times \overset{1}{2} \times \overset{1}{5}}{\underset{2}{4} \times \underset{1}{5} \times 1}$$

$$= \frac{3}{2} = 1\frac{1}{2}$$

$0.2 = \frac{1}{5}$ だよ。

1 小数を分数になおして計算しましょう。 〔1問 20点〕

① $0.9 \times \frac{4}{7} \div \frac{8}{15}$

② $1\frac{1}{8} \times \frac{5}{6} \div 0.75$

③ $1\frac{1}{6} \times 0.3 \div 1.4$

④ $\frac{2}{3} \times 0.6 \div 2$

⑤ $\frac{3}{7} \times 2\frac{5}{8} \div 1.25$

81 ◆整数・小数・分数の計算

●÷▲×■

得点

点

例

$$\frac{4}{9} \div 0.75 \times \frac{3}{8} = \frac{4}{9} \div \frac{3}{4} \times \frac{3}{8}$$

$$= \frac{4}{9} \times \frac{4}{3} \times \frac{3}{8}$$

$$= \frac{\overset{1}{4} \times \overset{2}{4} \times \overset{1}{3}}{\underset{1}{9} \times \underset{1}{3} \times \underset{1}{8}}$$

$$= \frac{2}{9}$$

$0.75 = \frac{\overset{3}{75}}{\underset{4}{100}} = \frac{3}{4}$ だよ。

1 小数を分数になおして計算しましょう。 〔1問 20点〕

① $\frac{4}{9} \div 0.4 \times \frac{3}{7}$

② $0.6 \div \frac{4}{15} \times \frac{2}{3}$

③ $1.8 \div 1.25 \times \frac{5}{18}$

④ $\frac{5}{21} \div \frac{4}{7} \times 0.3$

⑤ $2\frac{2}{3} \div 1.6 \times 0.9$

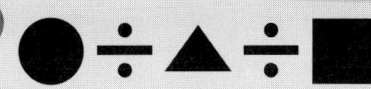

●÷▲÷■

例

$$\frac{5}{12} \div 0.25 \div \frac{2}{3} = \frac{5}{12} \div \frac{1}{4} \div \frac{2}{3}$$

$$= \frac{5}{12} \times \frac{4}{1} \times \frac{3}{2}$$

$$= \frac{\overset{1}{5} \times \overset{1}{4} \times 3}{\underset{3}{12} \times 1 \times \underset{1}{2}}$$

$$= \frac{5}{2} = 2\frac{1}{2}$$

$0.25 = \frac{1}{4}$ だよ。

1 小数を分数になおして計算しましょう。 〔1問 20点〕

① $\dfrac{1}{3} \div 0.4 \div \dfrac{5}{6}$

② $\dfrac{3}{5} \div 9 \div 0.7$

③ $1.4 \div 2\dfrac{1}{3} \div 2.4$

④ $\dfrac{5}{6} \div 2.25 \div \dfrac{5}{12}$

⑤ $0.4 \div 8 \div 0.3$

●×(▲＋■)，●×(▲－■)

例

$$\frac{5}{6} \times \left(0.5 + \frac{1}{4}\right) = \frac{5}{6} \times \left(\frac{1}{2} + \frac{1}{4}\right)$$

$$= \frac{5}{6} \times \left(\frac{2}{4} + \frac{1}{4}\right)$$

$$= \frac{5}{6} \times \frac{3}{4}$$

$$= \frac{5 \times \overset{1}{3}}{\underset{2}{6} \times 4} = \frac{5}{8}$$

小数を分数になおして計算するよ。かっこの中を先に計算するよ。

1 小数を分数になおして計算しましょう。　　　　　　　　〔1問　20点〕

① $\dfrac{6}{7} \times \left(\dfrac{2}{9} + 0.75\right)$　　　　② $\dfrac{3}{8} \times \left(0.8 - \dfrac{2}{3}\right)$

③ $0.8 \times \left(\dfrac{3}{8} + 1\dfrac{1}{6}\right)$　　　　④ $\dfrac{4}{9} \times \left(\dfrac{1}{3} - 0.25\right)$

⑤ $1.25 \times \left(1.2 + \dfrac{2}{3}\right)$

84 $(\bullet + \blacktriangle) \times \blacksquare$, $(\bullet - \blacktriangle) \times \blacksquare$

例

$$\left(0.75 - \frac{3}{8}\right) \times \frac{1}{6} = \left(\frac{3}{4} - \frac{3}{8}\right) \times \frac{1}{6}$$

$$= \left(\frac{6}{8} - \frac{3}{8}\right) \times \frac{1}{6}$$

$$= \frac{3}{8} \times \frac{1}{6}$$

$$= \frac{\overset{1}{3} \times 1}{8 \times \underset{2}{6}} = \frac{1}{16}$$

かっこの中を先に
計算するよ。

1 小数を分数になおして計算しましょう。　　　　　　　　〔1問　20点〕

① $\left(\dfrac{2}{7} + 0.4\right) \times \dfrac{5}{12}$

② $\left(1\dfrac{1}{3} - 0.5\right) \times \dfrac{3}{8}$

③ $\left(0.5 + \dfrac{1}{3}\right) \times 2$

④ $\left(1 - \dfrac{3}{7}\right) \times 0.35$

⑤ $\left(1\dfrac{1}{8} + 0.75\right) \times 0.8$

例

$$0.7 \div \left(\frac{1}{3}+\frac{1}{4}\right) = \frac{7}{10} \div \left(\frac{4}{12}+\frac{3}{12}\right)$$

$$= \frac{7}{10} \div \frac{7}{12}$$

$$= \frac{7}{10} \times \frac{12}{7}$$

$$= \frac{\overset{1}{\cancel{7}} \times \overset{6}{\cancel{12}}}{\underset{5}{\cancel{10}} \times \underset{1}{\cancel{7}}}$$

$$= \frac{6}{5} = 1\frac{1}{5}$$

かっこの中を先に
計算するよ。

1 小数を分数になおして計算しましょう。　　　　　〔1問　20点〕

① $\frac{7}{9} \div \left(0.4 + \frac{1}{15}\right)$

② $\frac{3}{8} \div \left(0.75 - \frac{2}{3}\right)$

③ $1.2 \div \left(\frac{2}{3} + \frac{1}{12}\right)$

④ $\frac{7}{15} \div \left(1\frac{1}{4} - 0.8\right)$

⑤ $2\frac{1}{3} \div \left(0.8 + \frac{2}{3}\right)$

86 (●＋▲)÷■，(●－▲)÷■

得点

点

例

$$\left(\frac{1}{3}+0.5\right)\div\frac{5}{7}=\left(\frac{1}{3}+\frac{1}{2}\right)\div\frac{5}{7}$$

$$=\left(\frac{2}{6}+\frac{3}{6}\right)\div\frac{5}{7}$$

$$=\frac{5}{6}\times\frac{7}{5}$$

$$=\frac{\overset{1}{5}\times7}{6\times\underset{1}{5}}$$

$$=\frac{7}{6}=1\frac{1}{6}$$

かっこの中を先に
計算するよ。

1 小数を分数になおして計算しましょう。 〔1問 20点〕

① $\left(\frac{1}{3}+0.25\right)\div\frac{7}{8}$

② $\left(1.5-\frac{5}{6}\right)\div\frac{8}{9}$

③ $\left(0.5+\frac{2}{3}\right)\div1\frac{1}{4}$

④ $\left(\frac{5}{6}-0.625\right)\div3\frac{1}{3}$

⑤ $\left(1\frac{1}{6}+\frac{2}{9}\right)\div2.5$

87 ●＋▲×■，●－▲×■

得点

点

例

$$\frac{1}{3}+\frac{7}{12}\times 0.8 = \frac{1}{3}+\frac{7}{12}\times\frac{4}{5}$$

$$=\frac{1}{3}+\frac{7\times\overset{1}{4}}{\underset{3}{12}\times 5}$$

$$=\frac{1}{3}+\frac{7}{15}$$

$$=\frac{5}{15}+\frac{7}{15}=\frac{\overset{4}{12}}{\underset{5}{15}}=\frac{4}{5}$$

$0.8=\frac{4}{5}$ だよ。

小数を分数になおして計算するよ。

1 小数を分数になおして計算しましょう。 〔1問　20点〕

① $\dfrac{4}{7}+0.4\times\dfrac{5}{6}$

② $\dfrac{3}{8}-0.75\times\dfrac{2}{9}$

③ $\dfrac{2}{3}+1\dfrac{1}{7}\times 0.25$

④ $1\dfrac{1}{3}-\dfrac{1}{4}\times 1.6$

⑤ $0.7+0.6\times\dfrac{4}{9}$

例

$$2\frac{1}{4} - \frac{2}{3} \div 0.4 = 2\frac{1}{4} - \frac{2}{3} \div \frac{2}{5}$$

$$= 2\frac{1}{4} - \frac{2}{3} \times \frac{5}{2}$$

$$= 2\frac{1}{4} - \frac{\overset{1}{2} \times 5}{3 \times \underset{1}{2}}$$

$$= 2\frac{1}{4} - \frac{5}{3} = \frac{27}{12} - \frac{20}{12}$$

$$= \frac{7}{12}$$

$0.4 = \dfrac{2}{5}$ だよ。

1 小数を分数になおして計算しましょう。　　　　〔1問　20点〕

① $\dfrac{1}{3} + 0.8 \div \dfrac{8}{9}$

② $1\dfrac{2}{3} - \dfrac{5}{8} \div 0.75$

③ $\dfrac{3}{7} + \dfrac{5}{8} \div 1.25$

④ $3\dfrac{1}{6} - 1.6 \div \dfrac{4}{7}$

⑤ $0.75 + 1.3 \div 2\dfrac{1}{6}$

89 ●(×, ÷)▲+■(×, ÷)◆

例

$$\frac{1}{4} \times \frac{3}{5} + 1.5 \times \frac{1}{3} = \frac{1}{4} \times \frac{3}{5} + \frac{3}{2} \times \frac{1}{3}$$

$$= \frac{1 \times 3}{4 \times 5} + \frac{\overset{1}{3} \times 1}{2 \times \underset{1}{3}}$$

$$= \frac{3}{20} + \frac{1}{2}$$

$$= \frac{3}{20} + \frac{10}{20} = \frac{13}{20}$$

$1.5 = \frac{3}{2}$ だよ。

1 小数を分数になおして計算しましょう。 〔1問 20点〕

① $0.8 \times \dfrac{3}{8} + \dfrac{5}{6} \times \dfrac{4}{5}$

② $\dfrac{3}{14} \times \dfrac{7}{9} + \dfrac{3}{4} \div 1.2$

③ $1\dfrac{1}{4} \div 1.5 + \dfrac{4}{9} \times 3$

④ $3\dfrac{3}{7} \div 6 + 0.75 \div 1\dfrac{1}{8}$

⑤ $\dfrac{3}{4} \div 0.7 + 1.25 \div \dfrac{5}{6}$

●(×，÷)▲－■(×，÷)◆

例

$$0.25 \div \frac{3}{8} - \frac{2}{3} \times \frac{3}{7} = \frac{1}{4} \div \frac{3}{8} - \frac{2}{3} \times \frac{3}{7}$$

$$= \frac{1}{4} \times \frac{8}{3} - \frac{2}{3} \times \frac{3}{7}$$

$$= \frac{1 \times \overset{2}{8}}{\underset{1}{4} \times 3} - \frac{2 \times \overset{1}{3}}{3 \times 7}$$

$$= \frac{2}{3} - \frac{2}{7} = \frac{14}{21} - \frac{6}{21}$$

$$= \frac{8}{21}$$

$0.25 = \frac{1}{4}$ だよ。

1 小数を分数になおして計算しましょう。　〔1問　20点〕

① $0.75 \times \frac{2}{3} - \frac{3}{7} \times \frac{5}{6}$

② $\frac{2}{7} \div \frac{3}{14} - 1\frac{3}{7} \times 0.6$

③ $\frac{3}{8} \div 0.25 - 0.4 \div \frac{4}{7}$

④ $1\frac{1}{9} \times 0.6 - \frac{5}{6} \times 0.4$

⑤ $1\frac{1}{6} \times 0.3 - 0.25 \div 1\frac{2}{3}$

91 まとめの練習

1 小数を分数になおして計算しましょう。 〔1問 4点〕

① $1\dfrac{1}{3} \times 0.4 \times \dfrac{3}{8}$

② $0.3 \times \dfrac{5}{6} \div \dfrac{4}{9}$

③ $0.5 \div 2\dfrac{1}{3} \times 1\dfrac{3}{4}$

④ $\dfrac{7}{9} \div 1.4 \div 0.75$

2 小数を分数になおして計算しましょう。 〔1問 7点〕

① $\left(\dfrac{1}{3} + 0.25\right) \div \dfrac{5}{6}$

② $\dfrac{2}{9} \times \left(1.7 - 1\dfrac{1}{4}\right)$

3 小数を分数になおして計算しましょう。 〔1問 7点〕

① $3\dfrac{1}{6} - \dfrac{2}{3} \times 3.75$

② $0.25 \div \dfrac{5}{7} - 0.3 \times \dfrac{1}{2}$

4 小数を分数になおして計算しましょう。 〔1問 7点〕

① $1.75 \times \dfrac{5}{7} \times 0.4$

② $\dfrac{5}{12} \div 0.25 \div 1\dfrac{2}{3}$

③ $\left(\dfrac{5}{6} - 0.7\right) \times \dfrac{3}{8}$

④ $0.75 \div \left(2 - \dfrac{1}{8}\right)$

⑤ $\dfrac{1}{6} + \dfrac{2}{3} \times 1.5$

⑥ $1\dfrac{6}{7} - 0.25 \div \dfrac{1}{6}$

⑦ $\dfrac{5}{9} \times 0.3 - \dfrac{5}{28} \times 0.7$

⑧ $\dfrac{2}{3} \div \dfrac{4}{15} - 2.8 \times \dfrac{4}{7}$

92 整数・小数・分数の計算のまとめ

1 小数を分数になおして計算しましょう。 〔1問 6点〕

① $0.4 \times \dfrac{5}{8}$

② $2\dfrac{6}{7} \times 0.28$

③ $2.4 \div \dfrac{8}{9}$

④ $4\dfrac{1}{2} \div 0.18$

2 小数を分数になおして計算しましょう。 〔1問 6点〕

① $\dfrac{5}{6} \times 0.75 \div \dfrac{5}{8}$

② $2.5 \times \dfrac{2}{3} \times 1.8$

③ $\left(\dfrac{1}{6} + 0.25\right) \div 1\dfrac{2}{3}$

④ $0.4 \times \left(3 - 1\dfrac{1}{8}\right)$

⑤ $4\dfrac{1}{6} - 2\dfrac{2}{3} \div 3.2$

⑥ $2.8 \div 1\dfrac{2}{5} - \dfrac{2}{9} \times 2.25$

3 小数を分数になおして計算しましょう。　　　　　　　〔1問　6点〕

① $0.45 \div \dfrac{3}{10}$

② $2\dfrac{2}{3} \times 0.75$

③ $\dfrac{4}{21} \times 4\dfrac{3}{8} \div 0.15$

④ $\dfrac{3}{8} \times 7 - 1.25$

⑤ $1.75 \div \left(3 - \dfrac{3}{8}\right)$

⑥ $\left(\dfrac{2}{3} + 0.4\right) \times 1\dfrac{1}{8}$

4 ひろとさんは，自転車で2.4kmの道のりを分速$\dfrac{1}{3}$kmで進みました。かかった時間は何分ですか。分数で答えましょう。　　　（道のり）÷（速さ）＝（時間）〔4点〕

式

答え（　　　　　　　　）

6年のまとめ①

得点

点

1 次の計算をしましょう。　　　　　　　　　　　　　　　〔1問　5点〕

① $\dfrac{4}{9} \times 6$

② $\dfrac{7}{12} \times \dfrac{8}{21}$

③ $\dfrac{3}{2} \times \dfrac{5}{6}$

④ $15 \times \dfrac{2}{9}$

⑤ $1\dfrac{3}{5} \times 1\dfrac{1}{14}$

⑥ $2\dfrac{1}{10} \times \dfrac{5}{6}$

2 次の計算をしましょう。　　　　　　　　　　　　　　　〔1問　5点〕

① $\dfrac{4}{5} \div 8$

② $\dfrac{9}{14} \div \dfrac{3}{7}$

③ $\dfrac{3}{8} \div \dfrac{9}{4}$

④ $4 \div \dfrac{6}{7}$

⑤ $\dfrac{9}{10} \div 2\dfrac{2}{5}$

⑥ $3\dfrac{3}{4} \div 1\dfrac{1}{8}$

3 次の計算をしましょう。 〔1問 5点〕

① $\dfrac{1}{4} \times \dfrac{3}{5} \times \dfrac{8}{9}$

② $1\dfrac{1}{4} \times \dfrac{2}{3} \times 3\dfrac{3}{5}$

③ $\dfrac{3}{4} \div 5 \times \dfrac{2}{3}$

④ $\dfrac{3}{16} \times \dfrac{8}{9} \div 1\dfrac{13}{15}$

⑤ $\dfrac{7}{24} \div \dfrac{3}{4} \div \dfrac{7}{8}$

⑥ $14 \div 1\dfrac{4}{5} \div \dfrac{7}{9}$

4 1mの重さが$\dfrac{3}{8}$kgのはり金があります。このはり金$1\dfrac{5}{9}$mの重さは何kgですか。

(はり金1mの重さ)×(長さ)〔m〕=(はり金の重さ)〔10点〕

式

答え( )

94 6年のまとめ②

1 次の計算をしましょう。　　　　　　　　　　　　　〔1問　4点〕

① $\dfrac{5}{8} \times 6$

② $\dfrac{7}{4} \times \dfrac{8}{7}$

③ $3 \times 2\dfrac{1}{9}$

④ $\dfrac{4}{5} \times 1\dfrac{7}{8}$

⑤ $2\dfrac{1}{3} \times \dfrac{6}{7}$

⑥ $1\dfrac{5}{7} \times 1\dfrac{5}{9}$

2 次の計算をしましょう。　　　　　　　　　　　　　〔1問　4点〕

① $1\dfrac{4}{5} \div 9$

② $\dfrac{12}{5} \div \dfrac{11}{10}$

③ $3 \div 1\dfrac{2}{7}$

④ $\dfrac{5}{6} \div 1\dfrac{1}{9}$

⑤ $1\dfrac{7}{8} \div \dfrac{15}{16}$

⑥ $1\dfrac{1}{12} \div 3\dfrac{1}{4}$

3 次の計算をしましょう。 〔1問 6点〕

① $\dfrac{4}{9} \times \left(\dfrac{3}{4} - \dfrac{5}{8} \right)$

② $\left(1\dfrac{1}{3} - \dfrac{5}{6} \right) \div 1\dfrac{1}{4}$

③ $1\dfrac{1}{2} + \dfrac{6}{7} \times \dfrac{2}{3}$

④ $2\dfrac{1}{5} - \dfrac{7}{24} \div \dfrac{1}{4}$

4 小数を分数になおして計算しましょう。 〔1問 6点〕

① $\dfrac{4}{9} \times 0.3$

② $1\dfrac{3}{7} \div 1.25$

③ $2\dfrac{3}{11} \times 2.8 \times \dfrac{1}{6}$

④ $1\dfrac{5}{6} \div 1\dfrac{2}{5} \times 1.2$

5 $\dfrac{6}{7}$dLのペンキで$1\dfrac{1}{2}$m²のかべをぬることができます。このペンキ1dLでは，
何m²のかべをぬることができますか。 〔4点〕
(ぬれる面積)÷(ペンキの量)〔dL〕＝(ペンキ1dLでぬれる面積)

式

答え (　　　　　　　)

95 6年間のまとめ①

得点　　点

1 次の計算をしましょう。〔1問　4点〕

① $\begin{array}{r} 524 \\ +876 \\ \hline \end{array}$

② $\begin{array}{r} 3678 \\ +4715 \\ \hline \end{array}$

③ $\begin{array}{r} 702 \\ -143 \\ \hline \end{array}$

④ $\begin{array}{r} 8152 \\ -4317 \\ \hline \end{array}$

2 次の計算をしましょう。〔1問　5点〕

① $\begin{array}{r} 56 \\ \times 48 \\ \hline \end{array}$

② $\begin{array}{r} 95 \\ \times 76 \\ \hline \end{array}$

③ $\begin{array}{r} 307 \\ \times\ 24 \\ \hline \end{array}$

④ $\begin{array}{r} 578 \\ \times\ 45 \\ \hline \end{array}$

3 次の計算をしましょう。〔1問　5点〕

① $6\overline{)84}$

② $3\overline{)912}$

③ $79\overline{)632}$

④ $24\overline{)744}$

4 次の計算をしましょう。 〔1問 5点〕

① $\dfrac{5}{9} + \dfrac{2}{3}$

② $1\dfrac{3}{5} + \dfrac{1}{15}$

③ $\dfrac{5}{6} - \dfrac{1}{2}$

④ $2\dfrac{1}{4} - 1\dfrac{7}{12}$

5 次の計算をしましょう。 〔1問 5点〕

① $\dfrac{7}{8} \times \dfrac{2}{5}$

② $1\dfrac{5}{9} \times \dfrac{3}{7}$

③ $\dfrac{4}{9} \div \dfrac{8}{15}$

④ $\dfrac{11}{12} \div 1\dfrac{5}{6}$

6 ゆうなさんの家から東へ$2\dfrac{1}{3}$km行ったところに駅があり，西へ$2\dfrac{1}{4}$km行ったところに図書館があります。ゆうなさんの家から駅までは図書館よりもどれだけ遠くにありますか。 〔4点〕

〔式〕

答え（　　　　　　　　）

6年間のまとめ②

1 次の計算をしましょう。 〔1問 4点〕

① 8.6
+ 5.2

② 1.5 4
+ 0.7 3

③ 1.4
− 0.8

④ 6.0 2
− 2.7 5

2 次の計算をしましょう。 〔1問 5点〕

① 3.4
× 7.2

② 9.5
× 3.2

③ 2.0 4
× 6.3

④ 0.2 6
× 0.3 5

3 わり切れるまで計算しましょう。 〔1問 5点〕

① 4.7) 9.8 7

② 6.3) 3.1 5

③ 0.6) 2 0.4

④ 7.2) 3.2 4

4 次の計算をしましょう。 〔1問 5点〕

① $1\dfrac{1}{4} - \dfrac{2}{7}$

② $1\dfrac{1}{2} + \dfrac{5}{6}$

③ $1\dfrac{1}{18} + 1\dfrac{7}{9}$

④ $2\dfrac{2}{15} - 1\dfrac{1}{3}$

5 次の計算をしましょう。 〔1問 5点〕

① $\dfrac{5}{9} \times 3\dfrac{3}{5}$

② $2\dfrac{1}{7} \div 9$

③ $1\dfrac{3}{4} \times 2\dfrac{2}{7}$

④ $1\dfrac{5}{9} \div 2\dfrac{1}{3}$

6 だいちさんの体重は37.6kgで，お父さんの体重はその1.5倍だそうです。お父さんの体重は何kgですか。 〔4点〕

[式]

答え(　　　　　　　　)

6年間のまとめ③

1 次の計算をしましょう。　　　　　　　　　　　　　　〔1問　5点〕

① 　7154
　　＋1849

② 　4500
　　－1462

2 次の計算をしましょう。　　　　　　　　　　　　　　〔1問　5点〕

① 　7.6
　　＋2.48

② 　5
　　－1.37

3 商を一の位まで求め，あまりも出しましょう。　　　　〔1問　5点〕

① 6〉597

② 8〉370

③ 24〉863

④ 57〉902

4 商は四捨五入して，$\frac{1}{10}$の位までのがい数で求めましょう。　〔1問　5点〕

① 3.5〉27.6

② 0.9〉3

5 次の計算をしましょう。　　　　　　　　　　　　　　　　　　〔1問　5点〕

① $\dfrac{3}{8} + \dfrac{1}{24}$　　　　　　　　② $2\dfrac{1}{6} - 1\dfrac{2}{3}$

③ $\dfrac{2}{3} + \dfrac{3}{4} + \dfrac{1}{6}$　　　　　　④ $1\dfrac{1}{3} + \dfrac{2}{9} - \dfrac{5}{6}$

6 次の計算をしましょう。　　　　　　　　　　　　　　　　　　〔1問　6点〕

① $1\dfrac{7}{15} \div 1\dfrac{5}{6}$　　　　　　　② $2\dfrac{2}{3} \times \dfrac{9}{16}$

③ $\dfrac{3}{5} \times 1\dfrac{1}{4} \times \dfrac{8}{9}$　　　　　④ $2\dfrac{1}{2} \div 1\dfrac{1}{9} \times 1\dfrac{1}{3}$

7 1mの重さが$\dfrac{7}{8}$kgの鉄のぼうがあります。この鉄のぼう$1\dfrac{3}{5}$mの重さは何kgですか。　　　　　　（鉄のぼう1mの重さ）×（長さ）〔m〕＝（鉄のぼうの重さ）〔6点〕

[式]

(答え)(　　　　　　　)

155

98 6年間のまとめ④

1 次の計算をしましょう。　〔1問　4点〕

① 72×85

② $568 \div 8$

③ 342×19

④ $472 \div 59$

⑤ 653×64

⑥ $945 \div 27$

2 次の計算をしましょう。　〔1問　5点〕

① $6 + 1.4 \times 3$

② $2 - 0.72 \div 6$

③ $3.2 \times 1.5 + 1.2$

④ $5.2 - 1.8 \times 2.3$

⑤ $9.6 \div 0.8 + 1.03$

⑥ $2.1 - 4.5 \div 5$

3 小数を分数になおして計算しましょう。 〔1問 5点〕

① $0.5 + \dfrac{3}{4}$

② $1\dfrac{1}{6} + 0.3$

③ $\dfrac{2}{3} - 0.25$

④ $1.15 - \dfrac{5}{6}$

4 小数を分数になおして計算しましょう。 〔1問 6点〕

① $\dfrac{3}{8} \times 0.4$

② $1\dfrac{5}{7} \div 1.5$

③ $0.16 \times 1\dfrac{7}{8}$

④ $0.75 \div 1\dfrac{1}{8}$

5 赤いリボンが1.75m，白いリボンが$1\dfrac{5}{9}$mあります。赤いリボンの長さは白いリボンの長さの何倍ですか。分数で答えましょう。 〔2点〕
（赤いリボンの長さ）÷（白いリボンの長さ）で求められます。

式

答え（　　　　　　　）

6年間のまとめ⑤

1 次の計算をしましょう。　　　　　　　　　　　　　　　　〔1問　5点〕

① 2.08＋1.94

② 0.643＋0.157

③ 7.4－6.82

④ 10.5－1.06

2 次の計算をしましょう。わり算はわり切れるまでしましょう。　〔1問　6点〕

① 1.54×0.8

② 0.76×4.5

③ 6÷2.5

④ 2.52÷2.4

3 次の計算をしましょう。　　　　　　　　　　　　　　　　〔1問　6点〕

① $1\frac{7}{8} \times 2\frac{2}{9}$

② $\frac{5}{6} \div 1\frac{1}{9}$

4 次の計算をしましょう。 〔1問 5点〕

① $1\dfrac{1}{6} - \dfrac{1}{3} \div \dfrac{1}{2}$

② $\dfrac{3}{4} + \dfrac{2}{3} \div \dfrac{5}{6}$

③ $\dfrac{2}{3} \times 1.5 \times 1\dfrac{7}{8}$

④ $2.8 \div 3\dfrac{3}{5} \div 1.75$

⑤ $\left(0.7 + \dfrac{5}{6}\right) \times 1\dfrac{2}{3}$

⑥ $\dfrac{3}{8} \div \left(1.05 - \dfrac{3}{4}\right)$

⑦ $1\dfrac{1}{6} - 0.4 \div \dfrac{4}{7}$

⑧ $\dfrac{11}{12} + \dfrac{8}{9} \times 0.75$

5 さとうが6.5kgあります。このさとうを1ふくろに0.8kgずつ入れます。0.8kg入りのふくろは何ふくろできますか。また,さとうは何kg残りますか。〔4点〕

式

答え  (　　　　　　　　　　　　)

基礎力をつけるには くもんの小学ドリル が 強いみかた!!

スモールステップで、らくらく力がついていく!!

算数

計算シリーズ(全13巻)
- ① 1年生たしざん
- ② 1年生ひきざん
- ③ 2年生たし算
- ④ 2年生ひき算
- ⑤ 2年生かけ算(九九)
- ⑥ 3年生たし算・ひき算
- ⑦ 3年生かけ算
- ⑧ 3年生わり算
- ⑨ 4年生わり算
- ⑩ 4年生分数・小数
- ⑪ 5年生分数
- ⑫ 5年生小数
- ⑬ 6年生分数

数・量・図形シリーズ(学年別全6巻)

文章題シリーズ(学年別全6巻)

プログラミング
- ① 1・2年生
- ② 3・4年生
- ③ 5・6年生

学力チェックテスト
- 算数(学年別全6巻)
- 国語(学年別全6巻)
- 英語(5年生・6年生 全2巻)

国語

1年生ひらがな

1年生カタカナ

漢字シリーズ(学年別全6巻)

言葉と文のきまりシリーズ(学年別全6巻)

文章の読解シリーズ(学年別全6巻)

書き方(書写)シリーズ(全4巻)
- ① 1年生ひらがな・カタカナのかきかた
- ② 1年生かん字のかきかた
- ③ 2年生かん字の書き方
- ④ 3年生漢字の書き方

英語

3・4年生はじめてのアルファベット
ローマ字学習つき

3・4年生はじめてのあいさつと会話

5年生英語の文

6年生英語の文

くもんの算数集中学習 小学6年生 計算にぐーんと強くなる

2020年 2月 第1版第1刷発行
2024年10月 第1版第9刷発行

- ●発行人 泉田義則
- ●発行所 株式会社くもん出版
〒141-8488 東京都品川区東五反田2-10-2
東五反田スクエア11F
電話 編集 03(6836)0317
営業 03(6836)0305
代表 03(6836)0301

- ●印刷・製本 TOPPAN株式会社
- ●カバーデザイン 辻中浩一+小池万友美(ウフ)
- ●カバーイラスト 亀山鶴子

- ●本文イラスト たなかあさこ・ヤマネアヤ
- ●本文デザイン ワイワイ・デザインスタジオ
- ●編集協力 株式会社 アポロ企画

© 2020 KUMON PUBLISHING CO.,Ltd Printed in Japan
ISBN 978-4-7743-2980-2
落丁・乱丁はおとりかえいたします。
本書を無断で複写・複製・転載・翻訳することは、法律で認められた場合を除き禁じられています。
購入者以外の第三者による本書のいかなる電子複製も一切認められていませんのでご注意ください。
CD 57302

くもん出版ホームページアドレス https://www.kumonshuppan.com/

※本書は『計算集中学習 小学6年生』を改題し、新しい内容を加えて編集しました。